WHAT BOOKS

·什么·工作室

[日] 松浦弥太郎
Matsuura Yataro
——著

庄千里——译

自分で考えて生きよう

去生活

松浦弥太郎的生活巧思

中国友谊出版公司

图书在版编目（CIP）数据

去生活：松浦弥太郎的生活巧思 /（日）松浦弥太郎著；庄千里译 . -- 北京：中国友谊出版公司 ,2019.9
ISBN 978-7-5057-4816-3

Ⅰ . ①去… Ⅱ . ①松… ②庄… Ⅲ . ①人生哲学－通俗读物 Ⅳ . ① B821-49

中国版本图书馆 CIP 数据核字 (2019) 第 214039 号

书名 去生活：松浦弥太郎的生活巧思
作者 [日] 松浦弥太郎
译者 庄千里
出版 中国友谊出版公司
发行 中国友谊出版公司
经销 新华书店
印刷 河北鹏润印刷有限公司
规格 787 × 960 毫米 32 开
12 印张 140 千字
版次 2019 年 12 月第 1 版
印次 2019 年 12 月第 1 次印刷
书号 ISBN 978-7-5057-4816-3
定价 49.80 元
地址 北京市朝阳区西坝河南里 17 号楼
邮编 100028
电话 （010）64678009

如发现图书质量问题，可联系调换。质量投诉电话：010-82069336

序　『心思・诀窍』是幸福的种子

第一章　生活的心思・诀窍……仔细思考是一种乐趣

第三章 人际关系的心思·诀窍………任何相遇都会变成财富

第二章 工作的心思·诀窍……工作让人心情愉悦

第五章　上年纪的心思·诀窍……无论到什么年纪，都会有各种发现

第四章 择物的心思・诀窍……找到恰到好处的东西

第七章　吃东西的心思•诀窍……『吃进去的东西』会塑造你整个人

后记　余味的好坏

第六章 兴趣爱好的心思•诀窍 ……做让自己开心的事

序

『心思·诀窍』是幸福的种子

无论事业、学业取得了多么卓著的成就，烹饪、打扫、洗涤等日常反复的家务都是最宝贵的，这里有生活的真谛，让我们从中获益、从中取乐。正如道元禅师所教导的那样，打磨双目，饱含心意地认真洗碗刷锅，就是象征所有生活精神的态度。

自从二〇〇六年担任《生活手帖》的总编以来，这九年间绝不仅仅只有快乐。在这样一种现实生活里，我一边想着要与读者共同学习看重生活、认真审视生活，一边做书、做杂志。二〇一五年四月，我加入了Cookpad[1]有限公司，创建了“生活的基本”这一网站。虽然公司与传播的媒介有了变化，但我时常边工作边思考：一个网站真的可以让人们幸福起来，真的能对人们发挥它的作用吗?

在这样日复一日中，有一组词浮现在我的脑海——“心思·诀窍”，它们是所有事的基本，

---

1. 是以搜集提供菜谱为主要功能的网络平台。（译者按：本书注释均为译者所加）

是我们以为自己知道其实不知道的事情，是可以唤醒我们主动性的一种趣味，是让我们眼看着可以顺利完工的一个契机，是让我们快乐的一份智慧。另外，最重要的：“心思·诀窍”是幸福生活的种子。

无论是什么事情，都应该花些心思试着让其趣味横生。花心思之后就会发现诀窍，诀窍是一种魔法，是会让我们的生活变得更加美丽的魔法。

第一章 生活的心思·诀窍

仔细思考是一种乐趣

探寻原有的味道

Qushenghuo

• *page*

007

某日，思考起“味道是什么”的问题。是食物吧。

有点不好意思的是，一想到味道，盐味、酱油味、沙司味、番茄酱味、蛋黄酱味、咖喱味、芝士味等词语就一溜烟儿地排开了。居然很多都是些寒酸的味觉记忆，我不禁有些失落。因为这些都是通过调料做出来的辣的、甜的、重口、淡口的味道，不是季节性食材本身的味道，也就是通常所说的“失去味觉的饮食生活”。我也不得不承认自己落到了这一步。

于是，我想重新找回味觉。至少，应该学习一下什么是美味。

首先，我戒掉了平时用得最多的沙司和酱油，吃东西的时候不蘸、不抹任何调料。纳豆搅拌着吃，吐司上什么都不抹，生鱼片不用蘸料，蔬菜沙拉不加调料，可乐饼、猪排直接吃，冷豆腐、凉菜也直接吃。

烹饪的时候用的调料暂且不管，先做到吃

的时候不再另加料。

这样做的效果立竿见影。一开始会觉得寡淡，不久你就会自然而然地一边咀嚼一边探寻味道本身了。就拿胡萝卜来说，你会去品味它原有的鲜甜，等你找到的时候会由衷地感慨“真好吃”，而不会觉得寡淡了。

原来如此，食材本身的味道，是需要你边吃边去探寻的，不是一口咬下去就可以明白的。可以这么说，味觉是平淡无奇中的深意。

对我来说，这是一个大发现。接下来我会思考吃东西时调料的用法。

把钱当作朋友

Qushenghuo

• *page*

010

因为钱而烦恼的，肯定大有人在。无论是穷人还是富人，都会因钱烦恼。这是件难事。我尝试着思考有没有什么办法可以让人们从钱的烦恼中解脱出来。

想起我刚满二十岁的时候，祖母对我说过的话：

“请你把钱想成是自己的朋友。如果是朋友的话就不会讨厌它。用一种希望被钱喜欢上的态度去与钱交往。”

那时，只觉得这是微不足道的一句话，如今回想起来，其实言浅意深。

把钱当作朋友。

在日本，仿佛有种潜在的绅士协议：不把钱的事情挂在嘴边。更何况，世间大多数不好的事情总是与金钱纠葛在一起，钱与邪恶之间似乎有着挥之不去的关联。如果我们尝试着改变一下这种固有的观念会如何呢？

钱，是我们很喜欢的朋友。因为喜欢，所

以想让它开心，不会做让它讨厌的事情，想和它增进感情。试着以这样的态度来对待金钱，竟有一种人生或许能改变的希望从胸中涌出。请你们这样想：钱，我很喜欢你。

钱讨厌的事情都有些什么呢？

不以一己之欲用钱。试想，我如果因为某些事情被朋友利用了，会伤心。那么，就不要这样对待你的朋友。换成钱，也就是不为虚荣购物，不冲动型购物。不把钱弄得皱皱巴巴，不扔钱、不掷钱，爱惜它。

“感谢你这样对我。我很开心，所以让我也来助你一臂之力吧。”为了让钱可以这样想，我们要用心选择好使用钱的方式、对待钱的办法。全世界都可以用这样的想法来制定规则，如此一来，与钱的交往肯定会有所变化。

• page

013

聪明地输让你不受伤

Qushenghuo

“写给最近不走运的你。不走运的事情积累到一定程度，可以兑换幸运哦。”

在苏格兰旅行的时候，买的曲奇饼干的盒子里附送了一张卡片，上面写了这样的句子。

回国后倒时差，睡眼蒙眬中，我一边喝着热腾腾的红茶，一边带着不清醒的大脑读了这句话，不知怎么就没舍得丢，放在书桌的抽屉里，直到今天。

这句话是苏格兰的传言吗？我爱上了这句话，并且相信了这条法则：不走运的事情可以兑换成幸运。

虽然的确有运气这样的东西存在，但我认为，运气是正负相抵最后归于零的一种算术。我相信无论如何，轧账到最后可以平衡是自然规律。

在胜负相较中，压倒性的胜利可以给你带来一时的欢欣雀跃。但是，一定不要忘记这份胜利带来的危险。也就是说，那之后一定会有巨大的败北起作用。作用与反作用总是形影不离也是自然规律。所以，如果你想要保持常胜，那么偶尔输掉一些也是好事。就相扑比赛来说，有“九胜六败美学”的说法，这种赢比赛的方式是理想且美好的。

在人际关系上也是如此，不要一味地贯彻自己的主张，也要恰到好处地谦让、理解对方，拥有这样的心态会让你更加轻松。如果憋足劲主张自己的观点的话，即便不败下阵来也会受伤，受了伤就没办法再较胜负了。为了不受伤，我们要学会聪明地输。

比起一味挺进，退一步然后进两步是个很好的选择。

打扫卫生的成就感让你心理健康

Qushenghuo

• *page*

016

与其说是喜欢干净，不如说我喜欢打扫。

目标是把脏的地方弄干净，把干净的地方弄得更干净。这样就足够了，对于每日的生活与工作都大有益处。

说起打扫卫生，虽然过程很辛苦，但是结束的时候心绪放晴，会很爽快。在爽快中锁住这一体会，不知不觉中你会对这份爽快上瘾。

在日常生活与工作中，多的是无法如期进行，或者无法获取成就感的事情。这样的压力会逐渐在心中积攒。积攒得多了，情绪烦闷，心情变差、愁眉不展。

虽然谁都会有这样的无奈，但正是这样的时候，我们需要打扫卫生。因为打扫会让你重获成就感。根据医生的说法，成就感对于心理健康有着重要的作用。所以，在你郁闷的时候，在你境遇不佳的时候，打扫一下卫生，可以收获成就感，心情亦随之变好。即便是整理一下包包也会让你多少收获些成就感。

另外，失眠的时候，打扫一下卫生，或者整理一下东西之后就睡着了，这样的经历也说明成就感可以为我们稳定心绪。

说到获取成就感，在打扫之外，烹饪也是不错的办法。与打扫一样，用到手的劳动可以让你的思考与身体的动作合为一体，随之大脑活跃，从而收获满满的成就感与充实感。

偶尔心情低落的时候，我们不妨做一下身边小范围的打扫，或者去煎一个鸡蛋，这样的小行动会成为医治你的特效药哦。

学习料理　了解生活

Qushenghuo

• *page*

019

自从开始从事传播料理乐趣的工作以来，我就一直在思考料理到底是什么。

谈到料理的话题，脑海中浮现出的就是母亲腰间系着围裙忙碌的身影。

总体意义上的料理，到底是由何处开始至何处结束的呢？一想到母亲的身影，就觉得烹饪应该不局限于厨房，还应该辐射至更广阔的范围。

“思考”吃什么，或者想吃什么。烹饪是不是从这样的思考开始的呢？考虑到自己与家人的健康，吃蔬菜、肉，还是鱼？今天想吃什么？这种想法需要用怎样的烹饪方式，以怎样的菜谱来实现呢？

想好之后，决定了烹饪方式与菜谱之后，就要出门采购了。店里排列着可以感受到季节的食材，一定有很多购物的人吧。在那里可以体会到各种各样的氛围，也就是所谓的“信息收集”。

回到家，急忙开始“烹饪”，然后“享用”。享用完之后就是饭后的“休息”与“收拾”。

关于料理，我虽然粗略地把这些行为做了分类，但其实会有更多种类。

进一步说，体会料理乐趣本身就是体会生活的乐趣。如果是这样的话，那么擅长做饭的人，肯定也擅长生活。如果想要让自己的生活变得充实，首先从做饭开始。

会做料理真的很重要。

珍惜由模仿而来的发现

Qushenghuo

• page
022

“创造由模仿开始”，当我与这句至理名言相遇时，身体有一种力气被抽掉的感觉。从小大人就教导我们：不能一味模仿他人。这是因为我们一直把所思所想、所作所为中能展现个性与独特性视为重中之重。

开始一件事情的时候，首先模仿自己相信的那种做法，会是不错的办法。一想到可以从模仿开始，心情就会轻松许多。更何况，寻找想要模仿的做法这件事本身也是充满乐趣的。

至此，我有了一个新的发现。优秀的人总是善于找到自己想要模仿的类型。事实上，在模仿的过程中也会有独创性显现出来。进一步来说，当你找到自己适合的类型之后，就可以达成目的。之后要做的就是一个劲儿地模仿，把发现的东西尽可能相似地吸收为自己的东西。

想要尝试歌舞伎或者落语这些古典艺能，但艺能的世界说白了就是模仿的艺术。当然，其中肯定也是有个性的，但如果以传统之名演绎得既有形式又能发挥个性的话，很容易让这既定形式化为乌有。要说怎么办才好，那应该是将演绎既定形式的努力积累到一定程度之后，自己独有的魅力也会展现出来。总而言之，沉下心来模仿是其中要义。

“学习”的语源是“模仿”[2]。想要模仿的事情，就按心意模仿一下也好。其实模仿才是最困难的事。

2.“学习”和“模仿”两词的日语古语均为“まねぶ”，发音相同。

为了治疗『想要想要』病

Qushenghuo

• *page*
025

新东西也好，好东西也罢，总会源源不断地出现，如果你总是目不暇接地这也想买那也想买，就会很苦恼。还经常会有一看到别人拥有的东西就想买的人。

这就是“想要想要病”。如果你放任它不管的话，那就没完没了了。以为只要能买到这件东西，就会开心幸福，但其实一买到这件立马又想要其他的了。这就难办了。那么要治疗“想要想要病”，应该怎么办才好呢?

治疗方法之一，可以尝试着多想想现在拥有的东西，而不是老去考虑想要的东西。想一想你买这件东西时喜欢它的理由，或者想一想它的优点。

冷静下来，环顾四周，会发现不知什么时候又增加了这样那样的大件。像这样，意识到一件一件东西的增多是件好事情。这样一来，周围的东西与自己的关系会上升到一个前所未有的高度，它们会给你带来很多的快乐与幸福。

人际关系也是如此。那种总也满足不了的心情，可以通过改变一种情绪来充盈它。

同时，挑选东西也要谨慎。拥有少量优质物品，和它们长久交往。如果可以从这样的改变中获得愉悦，那么“想要想要病”也自然会平息。不是心系想要的东西，而是将目光转向现在拥有的东西上。

前几日，我在整理东西多得合不上盖子的工具箱时，产生了以上想法。

也知道要更加珍惜现在拥有的东西。

映射自身的『前十』

Qushenghuo

• *page*

028

从小时候开始，我就很喜欢算“前三”“前五”这样的排序名次。

可能是因为那个年代有一档歌唱节目叫*The Best Ten*，我深受其影响。对任何事物排序可以非常清楚地显示自己的价值观，年少的我对此热衷不已。

思考“前十”其实是一件困难的事。有一些类别，可能需要花一星期才得以选出“前十”。但是，对于自己在意的类别，选出前十是很有成就感的一件事。

比如，班级里前十位喜欢的女孩子、学校供应的饭菜中前十种美味的、前十个有趣的公园、将来最想从事的前十种工作、前十位可怕的邻居大妈、前十条遛狗小道、买点心时送的最喜欢的前十件小礼物，等等。这些“前十”，充满着梦想和希望。我制作了“前十”笔记本，记录下许许多多我自己的“前十”。

正如老话所说：三岁看到老。至今我的这

种思考习惯依旧没变，经常掰着手指数数排名。

春天刚过的时候，我想过这么一个问题：别人为我做的让我开心的事情中，前十位是些什么？这样思考可以清晰地映射出我自身，很有意思。

随后我意识到的是：即便只有一件也好，就在今天这一天内想一想能为他人做的事情。希望别人为我做些什么，就首先为别人做这样的事情。要记住，第一步要从自己开始做起。

这种想法，是在生活与工作中可以让自己与他人沟通更顺畅的一个小小的技巧。

珍惜　美好的礼仪

Qushenghuo

• page

031

前几天，我去一家历史悠久（从江户时代延续至今）的日本料理店吃饭。

那家店有一间很宽敞的铺榻榻米的大厅，里面摆放着小餐桌，许多客人在那里用餐。铺着坐垫盘腿坐，以正坐的姿势用餐。虽然现在与过去的服饰应该有差异，但可以由此想象江户时代时大家也这样和谐地在一起吃饭。

我以这样一种怀念的心情坐下后，旁边一位母亲跺着脚在骂一个小男孩，母亲说：“不准拿脚对着别人。”小男孩一定是很喜欢榻榻米，他伸直两腿，脚底就冲向我来了。

“不好意思，是我们失礼了。”母亲朝我低下了头。

当我是个孩子的时候，我也被这样教训过。当然，那时候也不是坐在椅子上，也是这样坐在榻榻米上。我还经常被教训说：“不要踩坐垫！”因为坐垫是主人拿出来招待客人的一片心意，践踏这片心意是万万不可的。

我还被教导说：绝对不能踩榻榻米的边缘以及门槛。门槛是那户人家的象征，用脚踩很不礼貌。榻榻米的边缘也是同理。想必有人看见过榻榻米边缘上纹入家纹的情况吧。

不能用脚踩被子靠头的一端，不能把腿跨在人或物上，不要把筷子插进饭里，不要用手指指着别人——我就是这样从小被大人教育着长大的。尤其是吃饭的时候，有许多严格的礼数要求。

虽说有些严苛，但我希望这样的礼数教育能够继续传承下去，我认为这是日本美好的礼仪作法。

浪费　年轻时宝贵的经验

Qushenghuo

• *page*

034

简单的生活，拥有少量但是优质的东西——这样的生活方式越来越受到人们的关注。

参加工作之后，有了收入，就可以买自己想买的东西了。二三十岁正是充斥着消费欲望的年纪，即便借钱也要把自己看上的东西买到手。通过买东西来充实内心，打扮自己，创造一种在各种物品簇拥中生活的景象，由此获得幸福感。随后，东西不断增多。

但是，过了四十岁，心境就会有所变化。这个年龄，大体上想要的东西已经得到，即便还没得到，也已经知道自己想要的是什么了。

这个时候，需要好好地审视自身以及周围的事物，慎重思考一下。想要的东西、曾经觉得非有不可的东西，拥有了这么多，自己就真的幸福吗？于是，以这样审视的目光去看这些东西，就会发现只拥有这些并不能获得幸福，开始想要对眼前的这些东西做些什么。

但是，这也是很普遍的情况。人类需要这

些苦恼。经过了这一阶段就会发现——简单的生活，拥有少量但是优质的东西——这样一种生活方式。开始学习认识眼睛看不见但是人生中必要且重要的东西是什么，而不仅仅关注眼睛能看见的东西。

我这么说，是想告诉各位：年轻的时候最好不要太考虑节约、简单，也就是所谓的断舍离。因为浪费这样的行为，是只有年轻的时候才可以拥有的宝贵的经验。

• page

037

『今日最佳』日记

Qushenghuo

我决定开始写日记了，于是买了一本新的笔记本。

一想到要用手写字，就会发现如今已经很少写字。通过重拾手写的习惯，希望让自己多少挽回一些即将忘记的汉字写法、不断下降的语言组织能力，以及在大脑中将文章构思成形的能力。

急切地想要开始写，但却怎么也不知道该如何下笔。虽说是日记，但也不是把从早到晚发生的事罗列起来就行的，如果从中找不到主题的话就无法成文，真是伤脑筋。

于是，我开始思考日记的主题。

食物日记、购物日记，也可以是运动日记。而工作日记的话，会有些无聊吧。我想了各种方案。这样一来，就有很多想写的东西浮出脑海。开动脑筋想想这些是否可以归纳成一个主题。总算找到了一个不错的词。

这个词就是“今日最佳”。在今天的相遇

相逢、所思所感中，记录下对于自己来说的“最佳”，应该是件很快乐的事吧。

我在笔记本的封面上写下“今日最佳”。嗯，这可真是个好标题。就这样，我开始写日记了。

一天之中，总有一到两件“最佳”的事情。有时可能是景色，有时可能是饭菜，有时可能是书中的一段话，多种多样。真的很开心。让我进一步享受这些开心的事吧。

我把标题改成了“今日最最佳”。

驼背也是一种生活方式

Qushenghuo

• *page*
040

因为伏案作业多，且缺少运动，我坚持每天晨跑。

慢跑可以消解肩部酸痛，运动前后的拉伸动作还可以起到舒展身体的作用。我还面临着驼背的危险，也想顺带纠正一下。

驼背是我的烦恼之一。虽然我总是提醒自己要挺直背部，但是在书桌上全神贯注地工作时，不知什么时候起就又弯腰屈身了。

前几天，把我的这个烦恼与骨骼矫正师商量了一下，竟然得到了意想不到的回复。

就我的情况来讲，“不勉强医治也好”。

“因为从一定意义上说，驼背是你的生活方式。没有足够强大的动力，很难改变自己的生活方式。而且也没有改变的必要吧。变成偏驼背的体型是因为你做事精神集中、善于思考。因为这样的特征而事业成功的，也大有人在。”

我很惊讶有人把驼背说成是一种生活方式。

因为至今为止，对于我来说，驼背是一个

心结，无论如何希望治好它。虽说思考角度不同会有不同的结论，但是“不要勉强治疗，这可能也是一件好事”的说法，还是第一次听到。

就是从那时起，驼背这一烦恼的重量一下就减轻了。偶尔留意到的时候，会做一下背部的伸展运动，大概也就这个程度的关注了，也不再在意别人的看法。

一旦不以此为烦恼，反而会收获一种背部直立起来、驼背被矫正好了的感觉。

常说：病由心生。还真是这个道理。

• page

043

疼痛的原因　另有他处

Qushenghuo

肩酸、腰痛的毛病已经折磨了我好几年。说到肩酸和腰痛，不管疼痛程度如何，算是谁都会有的症状之一。虽说是烦恼，但也不值得大惊小怪。

如果说我的工作性质是伏案作业，那么有这些毛病也就理所当然了，但我还是在努力克服并改善这种状态，其中最有效的办法是跑步。跑步的前后会做一些简单的拉伸动作，它们也对缓解肩酸、腰痛有一定帮助。通过每天的跑步锻炼，曾经身体上的不适可以减少百分之四十。

另外，我注意到了一件事。在肩酸和腰痛比较厉害的时候，我会去做身体按摩或指压按摩。

肩膀实在酸痛到无法忍受的程度，于是去了一家熟人介绍的指压按摩师的诊所。明明是肩膀痛，但是按摩师却帮我揉搓脚部、摩擦腰部，反而一点不碰我的肩膀。直到结束，也没有为我揉肩。但是指压按摩结束的时候，我的肩膀酸痛不可思议地消失了。

我咨询了一下按摩师，回答说不是哪里疼按哪里就一定会好的。大体上，病灶会有别于疼痛的地方，另有他处。原来如此。

工作也好、生活也罢，有时候发生一些问题，原因可能另有他处。

不是检查疼痛的地方，而要检查相关联的地方。如果知道了这一点，想着“也许是这里吧”，自己揉搓揉搓、按捏按捏，大多数情况下就会治好。不得不感慨真是哲学性的事情呢。

侧耳倾听书本的声音

Qushenghuo

• page

046

如今，说到书的种类是五花八门，读一些比较完整的文章，也算是读书吧。但是，这样说好像缺少一些味道。因为光说是读文章的话，浮现在眼前的就净是文字，总觉得很机械、很费力、很疲惫。

年轻的时候，被人推荐读很厚的小说，无论故事多么有趣，我总觉得要读这么多文章是很吃力的事情。最近的年轻人已经习惯通过手机屏幕来看文章，如果给他们看纸质书，他们可能会觉得全是字看起来很麻烦，即便不这样说也会产生类似的情绪。或者他们会说，如果是像推特上面写的那样可以想象出说话人声音的话，无论字有多少，都是可以读完的，但就是不擅长读文章。

我对年轻人说：你们要多体会一下读书的乐趣、文章的趣味。写文章的人是为了向读文章的人传达些什么，才说了这些话的。

所以，不要只是一个劲儿地追读那些眼睛

里看到的文字与文章，要把读书这件事想成是在听别人说话。这样一来，就可以把文字和文章当作人的言语或声音，读书时的心情就会轻松很多，也不会那么枯燥了。

这个人想说什么？

如果有意识地去用耳朵倾听，就会发现读书实在是很快乐的一种沟通交流的方式。嗯，我就是想说这个。

• *page*

049

记得给包封口

Qushenghuo

即便是习惯海外旅行的人，也会被卷入一些纷争，确有此事。

这是我和一位女性一起去纽约工作时发生的事情。早上约定的时间到了，她还没有来，也联系不到她。我就急忙与警察局联系，让他们帮我调查。我脸色发青，一片混乱。

十二小时后，找到了她。她居然在拘留所。根据警察所说，她是因为在百货楼里做了扒手而被捕。知道了她在哪，我放下了心。

她不像是会做出扒窃那种事情的人。她的英语很好。整整二十四小时后，她回到了酒店。

听她说事情发生的经过，原来是早上被朋友拜托去百货店买东西。买好东西准备走出店门，在旋转门的一格小空间里，边上突然挤进来一个人。就这样从旋转门出去后，警卫人员立马抓住她的手臂，命令她把包翻出来看。包里有一件自己没有买的东西。

她觉得是刚才一起挤进旋转门小格子的人

塞进来的东西。虽然这样解释了，但是对方听不进去，于是就被送进了警察局。然后在拘留所待了一夜，义务劳动，在警察署打扫了六个小时卫生后回来了。

如果承认罪行就可以回来，不承认的话要诉诸法庭，估计就回不来了。“你打算怎么办？”被警官这么一胁迫，她虽然很委屈却别无他法地承认了。

她当时用的是一只托特包。在国外一定要用可以关闭开口的包。好像是有这种把东西放进别人包里让其带出商场的作案手法。

虽然不可思议，但是真事。

第二章 工作的心思·诀窍

工作让人心情愉悦

• page

055

正方形办公桌　新鲜的感觉

Qushenghuo

我在编辑部和自家的工作室里各有一张办公桌。见过我的办公桌的人，总会很惊讶，因为桌上什么都没有。他们会纳闷：在这样的桌子上真的可以工作吗?

办公桌，不是所谓的事务桌，是边长一米五的正方桌。一开始我什么都没有考虑，仅仅是用了公司多余的一张桌子。没想到用起来非常方便,作为办公桌真是再好不过了,非常中意，于是也给家里的工作室买了张同款桌子。

在处理资料的时候，它的大面积就可以发挥作用了，可以随心所欲地把资料摊开。围着这张桌子可以坐六个人，甚至可以开个小会。与长方形的桌子相比，正方形的桌子会给人一种开放的心情，对待工作时的那种舒畅情绪真是让人高兴。光是这张桌子的形状就会给人新鲜感。

电脑我用的是笔记本款，所以只需要在用的时候取出来就可以。能体会到那种桌子上不放电器设备的愉悦心情吗？工作工具以及文件夹，另外收在一个橱柜里。处理中的文件也放在那个橱柜里。我决定除了工作的时间以外，桌子上什么都不放。

完成一项工作就收拾干净桌子，让桌子再次回到什么都不放的状态。

然后为下一项工作做准备。

这样可以转换一下心情，也让工作节奏张弛有度。

虽然占的空间比较大，但我还是力荐正方形办公桌。

『为了一个人写』的文章

Qushenghuo

• page

058

我经常认真考虑文章的写法。可能是因为我以写文章为工作，所以倾向于把文章写得条理清楚、主题明确，也不否认比起用心写，自己更多时候是在用大脑写作。虽然我明白重要的不是文章的外在，而是阅读时的心情。

每当这种时候，我总能想起《生活手帖》首任总编花森安治的遗作《实用文十训》。我平时写文章，总是以此为护身符般的存在，非常重视这十条建议。在这里记录一下。

一、用温柔的语言。

二、避免外来语。

三、写亲眼所见的事。

四、写短句。

五、留出余韵。

六、重要的事要重复。

七、不是向大脑，而是向心倾述。

八、不尝试说服（不推荐说理）。

九、不要自我满足。

十、为了一个人书写。

“一般来讲会被说成不是好文章，甚至会出现语法错误，还可能语句不通顺，但是这样的写作方式会留在读者的心里。”花森先生这样教导我。

要领就是不要指望自己会写得很好。以一种亲热、平易近人、想要诉说的方式写作，以燃烧热情的方式投入。我认为这样的原则在任何工作中都是通用的。就我个人而言，“为了一个人书写”这条建议激发了我很大的书写欲望。无论什么事都是“为了一个人”的。

借用他人大脑的能力

Qushenghuo

工作上遇到瓶颈，这样的事谁都会遇到。

虽然需要一些新点子，但什么都想不出来，很难受。焦躁，从而更加想不出好点子。出冷汗，却没解决问题的办法。想逃得远远的，眼不见为净。

这种烦恼不仅局限于工作中，在生活中也常会遇到。

对待每件事都很认真的人，反而更容易逼迫自己。嗯，的确如此。但是，被逼到迫不得已，咬牙坚持到最后关头时想出新点子，也是有可能的。虽然只是偶尔。

不知怎么往前走的时候，求助于周围的人其实是最好的办法，当然，需要在你已经尝试了所有办法的前提之下。如果觉得已经不行了，那早一些求救会比较好。我在这件事上犯了难。“无论如何请帮助我。”可以这样说。这种看起来很简单的求助，往往也不容易。你需要向别人低头，需要向别人示弱，毕竟我们也是有自尊的。

但是，我希望你们知道，任何人都会在他人需要帮助的时候，生出体恤之心，会尽力伸出援手。因为人们会在这个需要帮助的人身上看到自己的影子，想着那时的自己也会希望获得帮助。

在美国，有类似“借用他人大脑”这样的话，以此来应对当某件事超出了自己的能力范围，什么都思考不出来的时候。“那我借你一点吧。”“嗯，好的哟。”

总是逞强的人偶尔低下头去求助，这样的姿态更具人情味，更有魅力。

没有垃圾桶 心情好

Qushenghuo

• page

064

在我工作的地方，每天早上都会有清洁工来打扫每个房间。即便如此，个人工位上的垃圾桶里的垃圾，也需要自己倒进每层楼配备的大垃圾箱里。当大垃圾箱里的垃圾积攒到一定程度，清洁工会把它们清理掉。

问我意在何处，其实我就是想说：垃圾不仅是一家公司的企业信息，也是个人信息。这么做就是为了在扔垃圾时可以有机会进行双重检查，同时可以在出现问题时清楚地归查责任所在。也就是说，大垃圾箱里是不存在错误垃圾的。我认为这样的扔垃圾的流程非常好。

话虽如此，但对于我个人而言，我在做着以下尝试。在自己办公桌旁不放垃圾桶，我会直接拿着垃圾扔进大垃圾箱。从我的工位走到大垃圾箱，用不到一分钟。虽说在工作中起身扔垃圾的确有些麻烦，但是这样做既可以减少垃圾，又可以在去扔垃圾的路上再跟自己确认一下把它扔掉是否妥当。

更进一步的好处在于，即便只有一分钟，但在你集中精力工作的过程中，这段路程也可以帮助你调节心情。

手里拿着垃圾，边深呼吸，边稍微走动一下，对于振作精神、冷静情绪都很有帮助。无论什么都轻易地丢弃，身边有一只总是装到满的垃圾桶，与其如此，倒是座位边没有垃圾桶会让人心情舒畅吧。

自我感觉这是一个好主意，有些自鸣得意。

• *page*

067

『自己以外的人都是老师』

Qushenghuo

前几天，我在一次集会上，向新入公司的职员做了演讲。

在那里，我说了这样的话。

希望你们假想一下足球比赛的场景。你是球队里的一员。当然，如果能被选为要出场的正式球员自然好，即便不是，只要你是球队中的一员，你就有自己要担起的责任。所谓责任，就是要有自己是球员的觉悟。说不准什么时候就会上场，会接到传球，也会传球，还可能会是临门一脚的射手。

此外，请再这样设想一下。

总能够接到传球的球员是怎样的球员？而另一方面，总是接不到传球的球员又是怎样的球员呢？如果仅仅是跑步快、运球好、射门准的话，是接不到传球的。在座的应该有很多球迷，我想这个问题是难不倒大家的。

可以接到传球的球员，是可以在很短的时间内判断出自己可以发挥怎样作用的球员，是可以为了自己的球队赢得比分而做出最佳行动的球员。只有做到了这两点，接到传球的位置及机会才会来临。

我希望你们都怀抱着什么时候可以成为这样的球员的愿景。

为此，希望你们对待任何事都应该磨砺出坦率学习的能力。

认识到自己在经验与知识上的不足，将“自己以外的人都是老师”这样谦虚的姿态贯彻到底。

竞争型社会是一次长跑

Qushenghuo

• page
070

不光有“五月病”[3]，还有六月病。为了不沾上五月病，咬牙坚持，到了六月，一下子松懈下来，这些症状就劈头盖脸地袭来，这样的情况也不在少数。又正赶上黏黏糊糊的梅雨季节，于是身体不舒服、精神不振的日子可能就会持续，需要引起注意。这时候就需要放松精神，悠然地生活。

虽然我想这样说，但我也知道现实情况做不到如此。竞争型社会很残酷。虽说残酷，但也有不过分追求胜利的这样一种思维方式。对于棒球的击球手而言，有“打中三成就是优秀”的说法；对于相扑选手，赢了八次就可“胜越[4]”，兴奋到直呼万岁。也就是说，有胜有负，稍微多赢一些就是最好的，这样一种想法才是恰到好处的胜负平衡。所以，希望大家不要过

---

3. 日本以四月为新一年度的起始，四月份入学的新生或进入公司的新职员等，在过了一个月的五月，出现的不适应新环境的症状的总称。

4. 职业相扑比赛共十五天，在每天一场的比赛中取得八胜或以上成绩即取胜。

于难为自己。

嗯，是的，比起短跑来说，更应该把它想象成一次长跑。

因为最主要的目标是跑到终点，所以长跑的诀窍是分配进度。当然，在中途也需要补充水分。于是，一年当中的六月，恰好是一个区间点，逐渐出现疲惫的状态，也恰是补充水分的好时机。

虽说路程过半也不一定需要加速，但至少你要想一想为了能够坚持跑完后半程不退赛，应该怎样分配体力，怎样控制速度。

希望在前半程不要一发狠就耗尽体力。

在跑完全程的时候，还能余下少许体力，才是最理想的分配状态。

• page

073

运营　全员决定

Qushenghuo

我去了一下洛杉矶的相邻城市：伯克利。

在伯克利有好几家喜欢的店，其中一家店的芝士、比萨和面包超级好吃。不仅如此，在那里工作的员工总是笑脸相迎、待人热情。那家店叫作“The Cheeseboard Pizza”，是我每次去必定会光顾的店。店里氛围很明快，每个人都生机勃勃。其中缘由很是有趣。

在这里工作的五十多个人都是这家店的主人，称作会员。

试着去问了一下当事人，说是这家店的创始人是参考以色列集体农场的做法，以这家店独有的方法进行运营。与工作有关的事务，绝对由所有员工一起决定。“买一支圆珠笔，这样的事也由全员决定。”一位白发女性会员说道。

工资也很平均，每人都一样。而且，为了可以平均分配工作，据说他们会轮流做不同业务。比如，这个月算账，下个月就去烤比萨了。因此，所有员工都可以做店里的所有事务。

这样的习惯，居然保持了四十多年，很厉害。会员的人数是一定的，如果有人辞职就会出现空缺，应聘者需要由两名以上的会员推荐才会获得面试机会。面试中，所有会员都会参与。

所有人都生机勃勃地工作的秘密逐渐明晰。会员们也时常有一种“自己是这里的主人”的主人公意识。

我很佩服这样一种全新的工作模式。

独自探索　未经开拓的行业

Qushenghuo

经常有年轻人问我：现在起，在哪里就业比较好？

最普遍的想法，大概是在大企业工作是最好的吧。但最近，他们开始对这样的想法抱有怀疑的态度。

这个问题，或许与“现在起，应该怎么生活”有重合之处。

虽然这样的说法有些极端，但它确是由你选择成为开拓者还是追随者而决定的。不是说选择哪个好，哪个不好，而是这两者皆可。

如果你选择成为开拓者，那我有些话要告诉你。

即便现在是无人问津的小市场，但数年后也许就会成长为几十倍的规模，你需要用自己的眼睛和脚步去寻找这样的行业。虽说并不是那么容易找到的，但肯定有。这么说，是因为有很多人在寻找，且有很多人找到了。

意外的是，就算找到了，能在那个行业干

下去的人却不多。在这种时候，就需要开拓者有一定的决心。

从事未经开拓的行业，有其风险，并没有谁可以保证你会获得成功，也不一定会立马取得成果。在取得成功之前，至少会耗费许多时间。

有决心最关键的是要有对于那项工作的热爱，要对它感兴趣。因为喜欢才得以继续。继续下去，一定会给你带来力量。

找到谁都没有在意过的新行业，然后深挖下去，这也是工作的一种乐趣。

其实，现在这个时代，就是充斥着这样的机会的时代。

把自己的工作写下来

Qushenghuo

• *page*

079

我时常注意着要让自己的工作保持简明的状态。

但是一旦沉迷其中，就会一个一个地尝试各种想法与方法的可能性。不拘泥于它原本的形式，绕了远路。不知从何时起，不要说是简明了，就连自己在做什么都弄不清楚了。在这种时候，你可能还是会继续前进，但也有可能绕了很久后发现回到了原点。

正因为如此，我停下了脚步。现在我对自己从事的工作是这样想的：这份亲手从事的工作，我是否可以以他人易懂的方式，简单地向他人做出介绍？有时回答是可以的，但也有回答不可以的时候。如果不可以的话，就有必要停下手中的活儿，头脑冷静地做出判断。

所谓的简明，就是无论什么事情，都可以向他人做出简单的说明。如果你可以做到这一点，说明你可以简单地思考自己的工作，简单地执行工作。

或许有些事情可以一个人做，但工作是需要与他人合作的。工作简明的话，别人就可以理解你的工作，有时还可以助你一臂之力。总而言之，让自己的工作保持简明易行，便于保持与他人的关系。

每个周一的早上，我都会问自己：你是否可以向他人清晰明确地介绍这周的工作状况？

方法就是在纸上将答案写下来。

尝试着把自己的工作写下来，也是一种梳理大脑的方式。

信件是魔法　心灵亦可送达

Qushenghuo

• page

082

我很喜欢信件，虽然经常是写信的那一方，但也因此会收到许多信。

虽然在工作中也会使用电子邮件，但我不再什么事都依赖电子邮件了。尽可能地不用电子邮件，只有在万不得已的时候用一下。

我很喜欢的绘本作家高夫斯坦(Goffstein)写过这样一段经历。

她家的邮箱，一个月就打开一次。虽然住的房子很好，但是让邮件在邮箱里积攒一个月这种事情，想来还是有点奇怪的。然而这样一来就可以保持自己的一种生活节奏与自己的个人世界，在这一点上我倒是与她有同感。

毕竟是喜欢信件，所以每天都会打开家门口的邮箱，但我会有好几天都不打开电子邮箱的时候，我相信如果是急事肯定会打电话。

在工作上，经常可以感觉到那些商务邮件就像有模板似的毫无味道。大概都是描摹着例文写的吧，可以说是非常无趣的信件了。

如果你认为信件只需要写得有礼貌、有条理就可以了，那就大错特错。信件是要把语句由人到人、由心到心传达出去的。万万不可混淆礼貌与亲切。用电脑打出来的信件，简直不成体统。

信件是不同的书写方式，不仅可以将语句传送给对方，还可以传送心灵、实现愿望。

所以，我想告诉年轻人“信件是魔法哟”。

偷懒的功能

Qushenghuo

• *page*

085

作为一个有些年岁的大人，说起来有些惭愧，但我总会在一年内偷那么几次懒。

所谓偷懒，就是没什么正当理由却休息。因为是不可取的事情，所以对公司而言，遇到这种情况可能就要大动肝火了。

是的，大体上一个小时左右，多是选择下午四点左右。买一个红豆面包或者大福，在公园找一张长椅，或者其他什么看上去可以坐的地方，嗯，大概就是这样休息一阵子。

就是在这种时候，甜品最能慰藉身心。一边发呆，一边放松。不经意间叹出一口气，默默自语道："我一个人偷懒对其他人可不是件好事啊。"十分抱歉。

所谓工作，不会一直称心如意，经常会出现走投无路的情况。正是这样的时候，会想要去偷个懒。想着，要不去休息一下？

我不是有意要把偷懒说成一件好事，但是有时偷懒会给我们带来意想不到的效果，比如你费尽心思也没有想出来的新点子会不经意间浮现于脑海，稍微放松一下，意识到——“啊，是这样啊”——这样做也许就能搞定。

当然，也有的时候什么都不会发生。这种时候，你就当它是转换心情也不错。但有的时候，你应该意识到偷懒也未尝不可。毕竟一年就那么几次，不碍事。

偷懒的那部分工作，在偷懒之后想办法弥补回来就好。

到一定时候，可能还会找到最适合偷懒的场所。

想想你们会在什么样的地方做些什么来偷懒，也是一件很有趣的事呢。

在意的事　尝试去做

Qushenghuo

• *page*

088

虽然我不是神经质的人，但是也会突然在意起某些细小的事。

想着要洗一下牛仔裤，把牛仔裤放入洗衣机后，不知道脑子里开了什么小差，竟然把白衬衣也放了进去，并按下了开关。

细想一下就可以明白：牛仔裤和白衬衣一起洗的话，牛仔裤会把白衬衣染上色。那么，白衬衣最后到底怎样了？虽然着色的区域很小，但毕竟还是染上了蓝色。还好没有特别显眼，当时也就没有在意。

某天，穿着这件衬衣出门，和人会面的时候，衬衣上染上的颜色让我不安起来。虽然只需要忍耐这么一天就可以，但随着时间的推移，无论如何都很在意，最终还是想换衣服。虽说是换衣服，但因为有工作，也没有时间回家，正发愁该怎么办才好的时候，想到可以在工作中仅仅空出的一个小间隙，去投币洗衣房把衬衣漂白洗涤后用烘干机烘干。

于是，我急匆匆地换上放在办公室的 T 恤，把白衬衣带去洗衣房洗，一个小时后，衬衣又恢复了它全白的样子。那时再回看那个在繁忙的工作中坚持要去洗衬衣的自己，觉得真是奇怪。但是，正因为我去洗干净了衬衣，不只衬衣，连带着我有些不悦的心情也畅快起来，重振了精神。

一旦在意起某件事，就不要一个劲儿地烦闷，即便可能会被别人笑话，也要坚持做自己想做的事。这样一来，你才会心情舒畅，这在维系精神健康上是十分重要的。如此之后，工作也会变得顺畅很多。

• page

091

『注意脚下』是生意兴隆的法则

Qushenghuo

有句话叫“注意脚下”。

这句话源自古时候那些以旅人为顾客的商家。这些商家会通过观察旅人的鞋子，由鞋子上的脏污、受损程度来判断出对方是不是因为长途跋涉而疲惫不堪，或对方在旅途中遭遇了什么。

通过观察一个人的鞋子，判断出他身上盘缠的多少，想要什么东西，这是商人独有的智慧。

前几天，和经营美甲沙龙的朋友会面，朋友也说到自己会第一时间观察客人拿的东西以及身上的服装。肯定没有什么坏心思，也不是要给客人分个三六九等，但是可以看出客人对什么感兴趣、想要什么，判断出对方追求怎样的穿搭效果。

作为店家，怎样让客人满意就是一条生命线。总之，了解客人十分重要。过去也好，现在也罢，商人就是会非常专注地观察客人，努力找出应对不同客人的待客之道就是生意兴隆的法则。

有一次，我在一家英国的老店订购了一双鞋。向店主人询问，鞋子保养中什么环节比较重要。店主人说，重要的不是保养那些看得见的地方，而是保养看不见的地方，尤其是鞋跟。

店主人告诉我说：比起拼命擦鞋子，关注鞋跟有没有磨损才是正事。如果鞋跟磨损，鞋子整体也比较容易受损，而且鞋子外观会变得很难看，看起来邋遢。

他甚至说，鞋子稍微有些脏都不要紧，最关键的是鞋跟不能有磨损。其实，英国在这方面真的是给全世界都留下了很好的印象。

学习『良好的为客之道』

Qushenghuo

• *page* 094

我听说“良好的为客之道”这一说法的时候，大吃了一惊。

比如，店家与顾客的关系，就是收钱与付钱的关系，而顾客会希望通过付钱，获得一定程度的满足感。

但是，店家也是人。会有想要笑脸相迎的顾客，也有觉得对其服务大体过得去就行的顾客，也有不希望他来光顾的顾客，还会有想让他早点离开的顾客。这是为什么呢？

这里就要说到“良好的为客之道”了。

“良好的为客之道”，是在茶道中经常用的说法。所谓接待，待客一方的主人与被接待一方的客人相互合作，共同煽动起现场气氛就是理想的。这种时候，客人一方留意自己的举止，以使得主人更容易招待，这样的心思就是“良好的为客之道”，它的效果有助于促成一场良好的接待。

这种想法在日常生活中也适用。

主人接待客人并不是理所当然的，要有了客人的合作才会完成。你有一套良好的为客之道的话，无论何时何地，都可以受到良好的接待。

不管是超市，还是餐馆，抑或百货商店，我都会时不时看到一些客人很明显地受到店家的优待。这一定不是因为他们买东西买得多，而是因为他们那“良好的为客之道”受人喜欢。

举止礼貌，用语文雅，尊敬对方，行为体贴，此外最要紧的是，他们总是在表达感谢之情。

我们应该学习这种“良好的为客之道”。

• page

097

转行好比开始一段旅程

Qushenghuo

今年春天（二〇一五年），我从出版业转行到了互联网，虽然不太喜欢这样的表述，但就是所谓的由纸质出版向电子出版的转身。

为什么转行呢？每次与人会面总会被问到。我的回答十分简单。好像是一个小孩子的说法，那就是我想做一下互联网的工作。仅仅如此。即便被嘲笑也没事。

转行之后想做什么，是现在开始需要思考的问题。由互联网的一名用户转而尝试自己陌生的立场、去制作互联网产品，这样一种非常直率的情绪，是我起初单纯的动机。进一步来说，我的转行是因为自己不了解互联网领域，对那里的工作充满了好奇。就好像是想用自己的双眼确认在那里有些什么一样，开始一次旅行。

每天都要学习。

今天参加了公司内部召开的“信息科技的基本讲习”（授课者是公司内部工程师），学习了入门课程“网络应用程序的构造”。尽是些我不知道的内容，非常有趣。

下面就来讲讲我作为一名门外汉，都有些什么感想。首先，工程师写程序真是集合了人情味与独创性的工作。工程师需要讲究程序语言的美感，需要思考许多问题，发挥想象力，在追求简洁与美妙的过程中展现个性。

虽然我也是一知半解，但在我看来，工程师与木工这样的匠人拥有相近的职业性质。屡次尝试、屡次失败、继续尝试直到成功，这就和一幢房子由好几位木匠共同建造很相似。更何况，工程师的工作中也存在传统工业的技术与讲究。我为工程师充满魅力的工作而感动。

模拟信号 尚有用武之地

Qushenghuo

• page

100

在生活的各个方面，模拟信号与数字信号共存。

在我看来，模拟信号与数字信号就是胶片机和数码相机的区别。我的朋友正在陆续处理掉胶片机，投奔扩充数码相机设备的队伍之中。我个人还是用的胶片机，但工作中已完全用上了数码相机。

胶片机在操作、摄影、摄像和冲印这些过程中都是耗费功夫、耗费金钱的，还容易失败。即便如此，依旧想继续用它的原因在于从操作开始到照片成形都可以一点点感知到，用自己的双手参与其中，真是不愿意割舍这种实在感。

是前几天工作时候的事情了。摄影结束后，要把存储卡里的数据导入电脑，但是电脑竟然读不出应有的数据。尝试了很多次之后，还是读取不出。查问下来，原来是存储卡损坏导致的。

在那个时候我想到的是，胶片机虽然会有拍照失败的情况，但不至于拍过的照片会集体消失。数码相机会因为可能遇到一些无法预计的问题而让人恐慌。

也就是说，数字信号非常脆弱。再进一步说，数字信号需要你小心对待，而模拟信号的话，稍微粗枝大叶一些，该有的东西也不会消失不见。

嗯，看样子我还没做好彻底抛弃模拟信号设备的准备。也许因为人类本身就是地道的模拟信号吧。

• page

103

想要学习『回味起来也很美味的料理』

Qushenghuo

前几天有一位著名的烹饪专家说过这么一句话，“想做吃过后仍然觉得美味的料理”。这句话让人忘不了。

比如，想象一下这样的味道：在晚上睡觉之前想着，“啊，真的很好吃”，第二天早上起来还留有那份感觉。我认为这就是一种感动了。

在吃的时候觉得好吃的料理有很多。没必要写出菜名，都是价格便宜、上菜快、分量足的。口味重、刺激性大，是可以填饱肚子的料理。但是在吃完之后，没有留下那种具有渗透力的美味感受。偶尔吃一下还行，但如果成为习惯常吃的话，会让人忘记真正的美味。

不光料理是这样，对于工作也一样。希望你可以让自己的参与深入人心，多少给人一些感动，并且让这份感动长留于人心。

如果不多花一些心思，而仅仅是完成任务的话，就只会给人暂时性的印象。这样的完成任务肯定不是工作的本义。东西卖出去就再见，事情做完就万事大吉，把右说成左，这种心不在焉的工作方式会让人的心失去敏感度。连分享快乐与感动都会忘掉吧。

我呢，希望自己在工作中的每个举动都可以给对方留下渗透进内心的印象。

“吃过后仍然觉得美味的料理”。

想学习这样的工作及生活方式。

朝着给他人记忆里留下美好滋味的方向努力。

第三章 人际关系的心思·诀窍

任何相遇都会变成财富

• *page*

109

顾虑对方　语言的魔法

Qushenghuo

"不好意思，打扰了，我坐你边上了。"

某日，我刚在公交车上落座，一位稍微上了些年纪的男士这么说着朝我微微点头，在我身边的空位子上安静地坐了下来。

这位男士的行为特别自然，让人很舒服。也许就是这个原因，我也朝着他微微点头，小声说："没关系，我也坐你边上。"

这件事一直留在了我心中，成为一个美好的回忆。

在公交车、电车上，做出一副不认识对方的表情沉沉地坐下。嗯，反正这也是惯常的事，我没有记在心上。但是，自从有了上次那样美好的相遇之后，我再次开始思考在公共场合礼节的重要性，真真切切地思考。

"不好意思，打扰了，我坐你边上了。"多么美妙的句子。

不光是在公交车或电车上，包括医院的候诊室、餐饮店等，生活中总会有很多机会要和别人相邻而坐。在这些时候，如果人人都可以顾虑到他人的言行，那像我这种被顾虑的人就会自然而然地生出感激之情，顺溜地说出“没关系，我也坐你边上”，整个场面就会柔和许多。

让我感动的不只是礼节，还有这位男士所说的“不好意思，打扰了，我坐你边上”这句话。

虽然知道语言有魔法，但还真没想到自己就被这么一句话的魔法“治愈”了。

就我自己来说，是不是说得出这句话，即便是模仿也行？我回想着那位男士的身影，扪心自问。

我想成为可以说得出“不好意思，打扰了，我坐你边上了”这句话的人。

用文字沟通也有礼仪

Qushenghuo

• page

112

在我小时候，家里连中等生活水平都达不到，时常捉襟见肘。但是我总觉得父母的语言留给孩子美妙且文雅的印象。互相在名字的后面加“桑”，不生硬也不疏远，而是“关系亲密，有礼貌”的表现，我们是一个注重礼貌用语的家庭。

话虽如此，但要问现在的我还能不能保持美好的用语习惯，就有点难说了。偶尔与母亲交流过后，总会有愧疚的心情。

在近年来普及的 LINE，以及手机短信上与别人沟通的时候，不经意间就会在意到说话方式的问题。

和对方关系越近，说话时候的用语就越容易随意。

突然会用“哪儿呢”“是吧”，或者直接就是“嗯”这样一个字来回应对方，真是让人大跌眼镜。

这种交流与对话相近，但因为是用眼睛看

得见的文字模式，所以这种随意性就显得更加突出。

那一天，因为忍受不了发信息时用语过于随意，我想都没想就直接给我朋友发了这么一条消息："虽说我们关系亲密，但你说话是不是过于随意了？面对面说话可能还好，但是如果用文字发消息的话，我们应该互相注意一下用语。"

很快，那边就来了回复："的确如此。因为可以很简单地进行沟通，所以可能把这种发消息的形式误以为是对话了吧。"

那之后，和朋友见面的时候，我们约定：以后用恰到好处的说话方式沟通。

• *page*

115

不打不相识

Qushenghuo

小学的时候，差不多每隔三天我就会打一次架。

就像体育比赛里有规则一样，打架也有它的规则。

不用武器。不踢不打致命处。不让对方出血。不让对方受致命伤。

另外，当对方说“停”的时候，立刻停止。

每隔三天打一次架的对手是我的玩伴中的五六个人，基本上就固定这几个人，他们也是我的好朋友。

“什么啊”“你才是什么啊”“别开玩笑了”“是你别开玩笑”，这样说着，总有一方会伸出手来。于是，一声“看我的”之后，就开始打架了。

因为有之前写的那么多规则，所以比起互殴来，更像是一种竞技决斗：抓住对方扳倒、在卧倒的不利境况下反击，看上去可能跟摔跤差不多吧。但是，因为情绪失控，所以打架双方都像是要哭出来一样。

打架结束，一般是双方都累了，可能会有一方说“停下”，然后有可能会有一方在两人身体分开的时机“噗”的一声笑出来，这样就彻底破坏了打架的气氛。

没有人在意胜负，每次都是平局。因为没有决出胜负，所以还会和同一个人反复打架。

我喜欢这样与朋友打架。朋友用身体的碰撞来交流感情，让我很开心。

我和打过架的朋友的关系尤其好。最喜欢的朋友中有许多都和我打过架。因为本身就是想和对方形成更好的关系才打架的吧。

• page 118

一天一百次的『谢谢』

Qushenghuo

“一天当中说了几次‘谢谢’，你数过吗？”

有一位我尊其为师的友人这样问我，是在我们讨论假期里应该做些什么来实现梦想和希望的时候。

“没有数过啊……嗯，但是或许有十次吧。”

“我每天以说一百次为目标。”

友人说出这一句话后，又接着说道：

“虽然那些经营店铺的人可能不一样，但是对于做其他工作、普通生活的人来说，一天内说一百次‘谢谢’可不是件容易事。但是，每天说一百次‘谢谢’是实现梦想和希望的最好秘诀。”

这位友人自己创办的企业很成功，所以他说的话自有其说服力。

“是要对一百个人说‘谢谢’吧。我可见不到那么多人啊。”

“不是这样的。不仅是对人说‘谢谢’，还可以对东西、对植物、对天空、对太阳说，对所有的一切都可以说‘谢谢’。这样一来，一天说一百次也不是难事了吧。你懂了吗？饱含心意说出的‘谢谢’的次数越多，道谢的对象就越会在你实现梦想与希望的途中助你一臂之力。明白吗？你也要加油！”

对于铅笔、桌上的花、从窗户里吹进来的风、穿在脚上的鞋子……也要说“谢谢”。当然，对见了面的人也要说“谢谢”。

一天之内说一百次“谢谢”。

我觉得这是一个很好的日常习惯，从那一天开始我也坚持这样做。因为数起来很难，所以我索性也不计数，大约说个二百次，也算一种技巧吧。

『欢迎欢迎』感恩的心

Qushenghuo

前几日去参加一个集会，那里挂着一块青底白字的门帘，上面写着“欢迎欢迎”。

“欢迎”两个字并排使用两次，就仿佛和自己所熟知的这个词的意思有了差别，感受到了一种不可思议的温暖。

集会进行到一半的时候，鸟取县来参加集会的人过来打招呼说：“那里的门帘上写着的‘欢迎欢迎’是我的老家鸟取常说的话。”

从前，鸟取县有一位叫作源左的农民，为人和善。比起为自己，更像是为了服务他人而活着，据说他的口头禅是：“欢迎欢迎，真好真好。”

“欢迎”，经常是用来表示“能来真是太好了”，但是在鸟取县却是“谢谢”这样表示感谢的词。源左总是说着“欢迎欢迎，真好真好”，无论是多么艰辛的事情，他都坦然接受。“一直以来真是非常感谢”，这句话在向所有的一切表示感谢。

当下，世间困难积压如山。我们每个人都在思考，在想从各种不安与恐怖中逃脱却逃脱不了的日子里，我们应该怎样生活。

我认为，横下心来，以“欢迎欢迎”这样的情绪淡然地接受，说不定也是一种智慧。

“欢迎欢迎，真好真好”，在往后的日子里我也要把这句话作为自己的口头禅。

不要娇惯男性

Qushenghuo

• page

124

在电车的座位上看书，旁边走来一对情侣。

男生一坐下来，就说："啊，想吃寿司，想吃寿司。"女生说："啊啊，又是寿司，真拿你没办法。"

从我眼前的窗玻璃上映出的身影来判断，这对情侣看上去是二十五岁以上的年纪。已经是步入社会工作的人了。男生在座位上轻轻入座，伸出双腿。

"再想想我好像不饿，还是算了。""什么啊。我带钱了，去吧去吧。""这样，那我真是幸运。好像又开始饿了呢。"男生说。

我虽然不想听这段对话，但是因为他们就坐在我旁边，不得已把这一部分听了个完整。

到了一站之后，女生站起来想要下车。男生还坐着。"到了哦。快点起来。"女生向男生吼了一声。男生嘴里念着"好的好的"，慢腾腾地走向车门下了电车。就像是任性的小孩和哄小孩开心的母亲。我站在男性的角度，对这一对情侣很生气。

然后又有另一对情侣走了过来。

男生说:“啊,好累,啊,好累,真是累坏了。”一连说了好几个“累”。女生安慰他说:“没关系的。加油哦。”又是小孩与母亲的组合,我在惊讶的同时叹了口气。

现在这个时代,比起男性来说,女性更加生机勃勃,更有行动力,更积极能干。的确如此。但是女性强大的同时,无疑会同时出现更多任性的男性。我对这种事束手无策,深感失望。在下一个站台,我下了车。

世间的女性朋友们,希望你们不要再娇惯男性了。

Qushenghuo

和式的房子　在骂声中成长

妻子弟弟家的小姑娘四岁了，来我家玩。在家中跑来跑去的样子，天真可爱。看着这个情景，我不免想到自己也有过这样的幼年啊，十分怀念。

同时，又想起我曾有几次在别人家玩的时候被骂的经历。

要轻轻地开门关门，不能在家里乱跑，被这样严厉地叮嘱过。如果我不听话的话，就会吃拳头。另外还被告知：如果是和式的房子，不可以踩入口处的门槛。

没有比在和式的房间里玩耍更需要多加注意的事了。去别人家的时候，会被嘱咐说：千万不可以踩榻榻米的边缘处，因为有的人家会把家纹逢入榻榻米的边缘，相当于是那家人的脸面，是绝对不可以踩踏的。

还经常被教导说：无论榻榻米上放着的是什么东西，都不可以用脚跨。也有因为落座的时候把脚底对着别人，而挨了拳头。

感觉这篇文章整个都变成了回忆，但小孩子就是这样，从起床到睡觉为止，不是被教训，就是被批评。

这种教训和批评减少了，是不是因为和式的屋子减少了呢？我家的房子也是洋式的了。这样一来，小孩无论如何玩闹，大人也就是在旁边静静地看着，至多就是说一句：玩好后要收拾整齐。再也没有了需要批评的事。

前几天，看到一个小孩从人前穿过，一位奶奶模样的人训斥了一句：“好好跟人家说一声‘抱歉’！”

这种情形，像极了小时候的自己，真怀念啊。

page 130

Qushenghuo

贺年卡　联络对方的天赐良机

我们通常会认为手写贺年卡是件很麻烦的事情，但是开始写之后又会很开心。

平时可能有些淡忘的那个人的脸浮现在脑海，会开始考虑应该对久疏问候的人说些什么，对曾经照顾过自己的人如何道谢，等等。就这样举笔落笔，在不经意间忘记了时间。

说到贺年卡，让我想到小学的时候。

至少也会给全班同学写贺年卡，每年大约会写五十张带名带姓的贺年卡。因为是拜托父母买来的那种可以抽奖中压岁钱的贺年明信片，所以写的时候小心翼翼，害怕写错还会先用铅笔打一遍底稿，现在想起来真是很费力的制作过程。

对于同学中自己喜欢的女孩子，会有一些特别待遇，比如在贺年卡上画一幅自己拿手的画，心中会有一只小鹿在乱撞。贺年卡简直是天赐良机，给我一年一度的期待。新年之际，父亲会把一家人收到的贺年卡集中分发。这种时候，屏息凝神地看着父亲手中一张一张的贺年卡，猜想着都是谁写来的、写了些什么，就是最幸福的时刻。心目中的女孩子寄来的贺年卡，更是会像宝贝一样珍藏。

啊，真是令人怀念。

因为有这样的回忆留在心头，所以到今天也还会把贺年卡当作天赐良机，很享受下功夫写好贺年卡寄出去的过程，同时也品味着等待贺年卡到来时的那份雀跃的心情。

也有一些是除了一年一次交换贺卡以外没有其他联络的关系，即便是这样，我也对此心怀感激，努力不让这种联络中断。

好了，贺年卡也买得差不多了，从今天开始写起来吧。

• page 133

『美好的事情』要网上共享

Qushenghuo

在我们的生活中，互联网已经变得不可或缺。

网络为我们提供地图、乘车指南，还可以在线检索、网上购物，我们通过网络获得了可以让生活更加便利的工具及服务。

得益于智能手机这种单手就能操作的小型电脑的普及，如今已经是谁都可以轻松方便地接触网络的时代了。

前几日在台湾见到的这个景象，给我留下了深刻的印象。

围着饭店圆桌吃饭的一家人中间有一位老婆婆，她从包里拿出平板电脑，很熟练地操作起来，给家人看其中的画面，谈笑风生。

虽然不是所有老年人都可以像她这样使用自如，但是看了这一幕，让我觉得时代真是变了。曾经是梦想般的网络电话，现在也已经融进了日常生活。

最近我迷上了一个叫作“Holiday”的网站。

可以在上面把自己假期里去的地方和对店家的评价写上去，和网友分享“旅行日志”，把自己愉快的回忆用相册或日记的形式记录下来，真是件很开心的事。

不想独占如此愉快、美好的事情，想告诉更多的人。网络上有很多新的使用方法，可以让自己独有的发现在更多人的生活中起作用。

直到不久前，与家人一起度过的休假日还只可以用相机里的胶卷记录，收藏进相册里。往后，会慢慢变成像“Holiday”这样的网站吧。这是一件令人欣喜的事情。

• page

136

令人开心的生日手账本

Qushenghuo

我很喜欢用生日笔记本，是可以放在手掌上的小小的手账本。

在伦敦旅行的时候，在一家历史悠久的文具店“斯迈森”一眼相中，觉得很方便就买了下来。在黑色的封面上烫着“BIRTHDAY”的字样，翻开内页，在普通笔记本常有的电话录的起始部分记录着一月到十二月，比如，翻开日历般的三月的页面，就会很清楚地看到三月里有谁的生日。

当然，需要由自己写下各位的生日。想来用普通的日程本写也未尝不可，但是记在生日手账本上会让人感到开心。

一想到在这个小本子上记录着大家的生日，心里就会温暖起来，甚至还想双手合十送出祝福。

向身边的人确认生日，然后把它们填入这个本子也让人振奋。随手翻一翻会发现：“啊，五月生日的人很多”“二月生日的人一个也没有”，如此自语。这样的手账本对于记住重要的人的生日很有帮助。

祝贺生日的方式有很多种，可以只是说一声生日快乐，也可以只是送一张生日卡片。如果过于大张旗鼓地庆祝，对方反而会有心理负担，这一点需要注意。嗯，也就是换位思考一下，如果是自己，别人做些什么你不会有压力，我们只要做些能让对方开心的事就好。

好像在最近的“Facebook”上，加对方为好友之后，到对方生日前系统会通知你。这样方便的系统通知真是多此一举。

自己记住和被告知“马上就是好友的生日”，这两者之间的区别还是很大的。

磨炼冷笑话技能

Qushenghuo

• *page*

139

虽然不是什么值得大声夸耀的事情，但我的确开始磨炼起了自己说冷笑话的技能。

在人前还是不太能说出口，即便如此，一旦别人告诉我一句妙语，或者自己查找搜集到一些段子，还真是不错的体验。偷偷把这些冷笑话写在笔记本上，不出声地读着，独自一人震颤着肩膀哈哈大笑。

下面我就列举几个谁都知道的冷笑话。

“黑化肥发灰，灰化肥发黑”“粉红墙上画凤凰”“刘奶奶找牛奶奶买牛奶”“桥上吊刀，刀倒吊着”“红鲤鱼与绿鲤鱼与驴”，[5] 等等。

怎么样？倒像是头脑体操这样的语言游戏吧。

那么可以说，如果脑子不够快，词汇量不

---

5. 原文为日文：「ふろんがふっとんだ」「その日グラッチエ」「おっちゃんのお茶」「コーディネートはこーでねーと」「アルミ缶のうえにあるるみかん」「かえるがひっくりかえる」「ニューヨークで入浴」。句子的前后字词皆为谐音，是幽默的绕口令。转化为中文的话，可与此处译文相当。如直译，则为“被子被吹跑了”“那天谢谢了”“搭配是这样的哟”“铝罐上有只橘子”“青蛙翻了个身”“在纽约洗澡”。

够丰富，冷笑话就讲不出来。此外，这些可以让人发笑的冷笑话不也能帮助大家以笑脸面对每一天的生活吗？人们还说，大笑有益健康呢。

然而问题是冷笑话的正确使用方式。周围都是女性时，我试着问她们：“冷笑话会给你们带来不适吗？”大家都异口同声地回答：“会！”原来如此，冷笑话果然还是不招人待见啊。也有女性说：“只要内容健康，不是荤段子的话还是乐意听的。”

内容健康的冷笑话。

在这基础上要求有趣，门槛有点高啊。

为了能有朝一日在别人面前表演，我会继续自己的冷笑话研究。

幸福源于捐赠长椅

Qushenghuo

• *page*

142

虽然讲起旅行的目的众说纷纭，但对于我来说，“想在那个公园舒服的长椅上悠闲地休息”这种需求，是忙碌日常的一种支柱。我自认为是长椅爱好者。

去有长椅的地方旅行。

尤其在气候爽朗的秋天，就更是一种乐趣。

巴黎的卢森堡公园、伦敦的海德公园、慕尼黑的英国公园、东京的日比谷公园、伦敦的中央公园，等等。有我喜欢的长椅的公园，随便一想就能想到很多。我尤其喜欢中央公园的长椅。令人惊讶的是，中央公园中竟然有九千多把长椅。

某日，我仔细打量了那里的长椅，发现上面贴有写着人名和一句话的金属板。

调查后才知晓，中央公园有个从市民那里募集长椅管理费用的项目。捐款的人可以把自己的名字和自己喜欢的一句话写在金属板上，贴在长椅上。

一把长椅至少需要捐赠七千五百美元。据说募集到了三千把椅子的费用。多么好的项目啊。去贴着自己留的小句子的长椅上坐坐，和朋友聊聊天，发发呆，读读书，写写信，听听音乐，就很幸福。

其实在东京也有一个捐款项目叫作“有回忆的长椅”[6]。有兴趣的话，参与一下如何？

6 有回忆的长椅，“思い出ベンチ”。东京都建设局发起的一项社会事业，始于二〇〇三年。

由玩具车培养出的友情

Qushenghuo

小时候，口袋里总是装着玩具车，不是一辆，而是两三辆。

一方面是为了玩耍，还有一方面的意义类似于大人总是把文库本放包里那样。无聊的时候、跟父母出门的时候，为了要表现得乖巧，就可以把玩具车拿出来，像是读书似的盯着它看，摸摸它，或者放在手心里前后滑动，也玩得不亦乐乎。

要出门的时候，绝不会忘记要往口袋里装玩具车的事。

因为也有跟我一样的孩子，所以对于我来说，玩具车也是交流的一个渠道。和新玩伴见面的时候，先把自己的玩具车全都拿出来排开，然后问对方："你有些什么？"

这样一来，对方也会从口袋里拿出玩具车，说着"我有这些哦"，排开给我看。"嗯嗯。"互相欣赏一番后，会有一方说："我们来交换吧。"

这句话中包含着"做朋友吧"的意思，所

以如果你说“不要”的话，关系就不会展开了。如果说“好哦”，就可以从对方的玩具车里选自己喜欢的。

一般来说，我们会带出门的玩具车都是自己喜欢的，其中任何一个要送给对方都会是一种复杂的心情，但是男孩子就是这样建立友情的呀。

想着“那家伙拿到了我珍贵的卡车，那家伙喜欢的保时捷在我手里”，我们培育起友情。互相欣赏对方喜欢的、珍视的玩具车，然后交换到手，这样一来，对那辆车会加倍爱惜。

这些都是可以温暖、软化心灵的回忆。

下町的人情味拯救迷路的我

Qushenghuo

• *page*

148

去东京的东十条买铜锣烧。通常是坐电车去的，那天是第一次开车去。因为是不熟悉的地方，所以路线就依靠导航了。

回去时，导航指出了一条和去时不同的路线，是一条刚好够一辆车走的窄路。虽然我也担心这样的路是否正确，但是相信路很快就会开阔，继续按指示的线路行车。

拉着购物车的老奶奶，为了让我的车能够过去，要退到路边停下脚步，为此我感到很抱歉。看见一个小的道口。但是导航还是指示可以直行。过了道口，前面看上去是一条道路更窄的拱形顶棚商店街。

要从这里撤出来的话只有倒车了。只能通行一辆车的道路宽度，是绝不容许我倒着车回到起点的。我还是相信导航，驶过道口。

我知道这条商店街叫十条银座商店街。我只有摇下车窗低头说着“不好意思，不好意思”，继续往前开车。浑身开始冒冷汗。

如此一来,购物的人也好,商店街的人也罢,没有人露出厌恶的表情,反而都像是说着“哎呀,可真够他受的”,将店门口的看板或者自行车往路边撤,大家为了要让我的车通过,齐心协力地帮忙。而且,一位弯腰的老奶奶还引导我说:“在下一个路口往右转。”

各位十条银座商店街的好心人,我给你们添麻烦了。

我想借这个场合对他们道歉。

同时,也感谢他们一起帮助我。我一边好好地自我反省,一边在下町温暖的人情味中度过了一天。

• page

151

Qushenghuo

美国的跳蚤市场　温暖的光景

很早以前起，在美国各处就有好几个大规模的跳蚤市场。准确来讲，不是跳蚤市场，而是古董市场。

马萨诸塞州的布利姆菲尔德的古董市场是美国规模第一的古董市场，一年举办三次。因此我去过好几次。

决定要去之后，在举办地附近预订住宿是件令人头大的事。说起来，全世界喜欢旧东西的人都汇集在此。因为是平时没什么人来的乡间小城，所以没有酒店之类，只有在古董市场召开期间，当地居民会把自己的住房改成民宿。即便这种情况，也数量有限。

到访者中的大多数要么开房车来，要么在预备的扎营地搭帐篷。虽然说这样也是一种乐趣，但是来古董市场的人中高龄者较多。看见高龄者在帐篷里过夜的情形，我总会心头一暖，感慨于户外生活在美国社会的渗透度。

说到让人心头一暖，在会场上总会看见把

自己在找的东西写在布片上，然后贴在身体前后，到处逛的人。

这样溜达的时候，那些手里有这件东西而且想要出手的人就会来搭话。或者告诉说“那里有哦”，要么是“我也在找这个呢”，这样来交换彼此的信息。

我钦佩这样的办法，在偌大的会场里要找到自己想要的东西，这无疑是一个非常好的办法。仅仅是笑眯眯地到处走，就可以搜集到自己需要的信息。

我想重新来认识一下这些简单的小技术。毕竟，人与人之间的接触，是最令人温暖的了。

Qushenghuo

好丈夫、好妻子，让育儿水到渠成

• page 154

世间大多数的父母都会有育儿及教导他们礼仪的烦恼。

有一百个孩子，就有一百个育儿及教育礼仪的方式。正如此，这不是一件简单的事。最近，我与成为初中生的女儿鲜少会面，我在一旁守护着，看她的自立观念逐步萌芽。

仿佛转瞬间，但其实已历时长久，我开始回望与女儿的共同经历。而且，我开始考虑自己在教育她的过程中始终珍视的东西。我不断学习——比如儿童精神科医生佐佐木正美的著作——并将其用于实践。

其一，不着急。

无论如何，不着急，耐心等待。如果跟孩子说了一些话，教了孩子一些道理，那么之后的事情就交给他们。绝对不要说：你这样做，那样做。而是要在孩子自己理解并且做到之前静候。

其二，尽可能实现孩子的要求，让他们心中满足。

从幼儿期开始，尽可能为孩子实现他的要求，另一方面，他们不愿意的事绝对不做。这可以说是保护过度了。同时，不拒绝。不说“以后吧”“现在不行”。

而且，不把父母自己的期望建立在孩子的痛苦之上。

绝对不要为了实现自己的愿望而剥夺孩子的自由。

要珍视所有人际关系，谨慎构建。不光是对于家人，对于邻居，还有学校里的老师、同学也须如此。一种良好的关系对孩子的成长十分重要。体贴、热情、懂礼貌、会感恩、怜恤他人，这些品德，孩子们是通过身边大人的言传身教而习得的。

在育儿及礼仪教育中，最重要的是夫妇的关系。为了让孩子有一位好母亲，你首先要做一名好丈夫；为了让孩子有一位好父亲，你首先得是一位好妻子。

第四章 择物的心思·诀窍

找到恰到好处的东西

• page

159

紧跟潮流　重在练习

Qushenghuo

秋冬之际，让服装跟随潮流是一件引人期待的事情。正如在衬衣上穿夹克衫，外套搭配牛仔裤和围巾，这个时期身上要穿戴的东西陡然增多。

布料、花样、颜色、设计，这些要如何组合才可以达到和谐的效果，看上去时髦呢？这些看上去很简单，其实有难度。

仅仅是穿一些高档的衬衣或者外套这些单品，还没办法赶上潮流，如何搭配才是最重要的。虽然穿高档衣服会让你更受人瞩目，但千万别把受瞩目与跟得上潮流混为一谈。

那么，怎样做才好呢？一个人在镜子前尝试潮流秀可能是不错的办法。把这个和那个搭配在一起，找出看上去舒服的搭配，用笔记记录下这样的组合，会对以后出门时选择衣服大有帮助。

但是，也有可能以自我感觉不错的搭配出门，却发现有什么地方不对劲，因为在家里看出来的感觉与在外面是不同的。很多时候，不在外面审视一下自己的搭配，难以判断出它的好坏。

我的办法是这样的：

在不去会客的休息日上午，穿上自己想知道上身效果的衣服，去附近散步，也是一种潮流练习。这样尝试一下，就可以很清楚地判断出这样的搭配是否可以。

反复进行这样的练习，找到适合自己的穿搭方式，等到要出去会客的重要关头，就不会再为穿什么而烦恼。

所谓的熟能生巧。

裤腿的长短　塑造你的形象

Qushenghuo

一般而言，男性会随着年龄的增长而在穿着上越发老土。

通常的情况是，在二十几岁或者三十几岁的某个时间点，找到了适合自己的风格，从此之后再无长进。到了四十几岁、五十几岁也没有变化的穿衣风格，旁人看来就显得老土了吧。而女性真的就不会这样吗？

对于男性的穿搭而言，我比较在意裤腿的长度。

牛仔裤是理所当然要折一折的，近来把折裤腿理解成一种潮流，原先只是还在长个子的孩子做的事情，成人一般不折裤腿。就是说牛仔裤总会偏长。无论是西装裤，还是斜纹布裤，其长度若是能有一道折痕的裤腿堆积，总是无可厚非的。然而，那样的裤子总会稍微长一些，其剪影效果为零。

从旁边看过去，裤腿恰好碰到鞋面的长度应该可以形成最好的剪影效果。也就是说比你通常认为合适的长度稍短。为了达到这样的效果，你需要知道：试穿之后修剪一次裤腿就能满意的情况比较少。我一般是修剪裤腿后穿上一天，还会再次修剪。因为腰部的位置会因为走路而有所变化。修剪几次后就会达到恰好的长度。

穿着长度正好的裤子入座的话，很容易就会露出脚踝。如果总以为袜子不会露出来，而随意穿了一双不相称的，那么即便你的裤子很时尚，这时候的你也会羞红了脸。

要以裤腿的长度及总会露出来见人这两点为前提，来挑选袜子。即便只是做到这一点，你的穿搭形象也会上一台阶。

迷上『泰勒梅』

Qushenghuo

• *page*

165

有史以来，第一次让“泰勒梅”帮我量身定做夹克衫。

泰勒梅的专业师傅说：我的工作就是仔细测量客户的身体尺寸，看清他身形的优缺点，以便让他穿上风格非常合适的上衣。

就我而言，胸围与臀围相等，算是身形的优点。而左右手臂有七毫米的长度差，左肩较右肩下沉是我身形的缺点。

我跟师傅描述了自己想要定制的夹克衫的样子。

一股脑儿地，把自己至今为止穿夹克衫觉得舒服的例子、喜欢的款式，以及我追求的合身感，都向师傅说明了。

了解到这位师傅喜欢看电影，就跟他谈起电影《教父》中各种帅气的夹克衫，他的回答让我感受到专业人士看问题的方式果然是一针见血，我们谈得很投机。

没有褶皱、行动方便，尺寸与身体完全匹配。

另外，款式、喜欢的布料、口袋的做工等，都与我心意相合。师傅说：你有任何要求都可以提。

量好尺寸之后的试样会耗费最多的时间。因为会在试样的时候提出一些细枝末节的要求，希望夹克可以这样、可以那样。从量尺寸到成衣需要两个月的时间。

等夹克做好，试穿的时候被感动了：原来衣服上身与自己合身是一件多么开心的事情。同时，也因为尺寸与身形的匹配度带来的美感而惊讶不已。又因为听说即便长胖或变瘦也可以进行尺寸上的微调而安心。

泰勒梅的定做绝对不便宜，但是满意度很高，让我迷上了。

领带宽度的规则

Qushenghuo

• *page* 168

看电视，会觉得男士领带的宽度总有那么些时候奇怪得显眼。

领带也有它的时尚与潮流。不光是颜色与花纹，还粗细有别。

虽然系粗领带还是系细领带是个人的自由，但是夹克衫的领子开口与领带粗细不协调的时候，我总会觉得不舒服。

你们知道领带的宽度与夹克衫的领口大小有关吗？

虽然领口会由上至下变窄，但是选领带的话，要参照与胸前口袋同等高度的领口宽度，与此相当的领带是最佳选择。作为男性的修养，这是一条需要了解的重要规则。

宽于夹克衫领口的领带会破坏着装的平衡，绝对不可以选用。顺带说一下，只要不过于狭窄，比领口窄的领带一般是安全的。

最近比较流行领口做得很窄的设计，因此窄领带也渐受欢迎。

总而言之，最需要注意的是不要佩戴比领口还宽的粗领带。那样会让你的领带尤其突出，看上去很滑稽。然而，这个原因导致穿搭失败的例子还不少。因为夹克衫是新做的，而领带的话，总会把自己喜欢的那条用上很长时间。

各位男士，你们有没有在镜子前确认自己的夹克衫领口与领带宽度的习惯呢？仅仅养成这一习惯，就可以让你的整体着装看上去精神很多。此外，就是领带打结的地方不可松散，要好好系牢哟。

• *page*

171

从卷伞的方法学到的

Qushenghuo

某个下雨的日子，从朋友那里借了把伞撑开，砸落在雨伞上的雨点发出“砰、砰、砰”的声音，耳朵听着很舒服，不禁惊讶。

问起来，这把伞是英国制造，而且是王室专用，忍不住肃然起敬。

撑开的伞面绷得紧紧的，所以当雨点砸在伞面上的时候，伞整体就像一面太鼓。手柄以及伞骨是用一根木头削制而成，细看，就会看出英国手工制品的精良之处。

向朋友道谢后，他问：“你知道卷伞的方法吗？”我回答：“知道的吧。”随即一圈圈麻利地卷好递了过去。

朋友说着：“你真是什么也不知道啊。”说着，把我好不容易卷好的伞给松开了，把伞头朝上拿起。然后告诉我说：“这样才是卷雨伞的正确方法。”

首先，在伞头朝上的状态下，把雨伞的伞面整理齐平。之后，将雨伞旋转一周，看看是否有伞面夹进了伞骨之间。然后用手指捏住一片折成三角状的伞面，用力往成角方向边拽边卷。卷好一片就用拿伞柄的那只手的拇指按住，再把下一片也拽平整后卷好。尽量保持伞面折痕的重叠部分均匀对等着卷好整把伞，全部卷好后用绑带固定。

卷得细细的伞，就像一根手杖一般。

据说，在英国看一个人卷好的伞，就能看出他的生活。而且，听说英国有专门为他人卷伞的手艺人。

一把伞原来有这么多学问。

因为可爱而吃得干净

Qushenghuo

给住在洛杉矶的美国朋友寄了些饭碗做礼物，他们家有几口人我就寄去了几只。因为白米在美国已经是常用的食材，在一般家庭里日式料理也很受欢迎，所以送饭碗他们应该会开心的。

我告诉他们说：吃饭不用碟子，而是用手拿饭碗，这样就不会弄脏米饭，可以吃干净最后一粒米，这样的吃饭方式才是正确的。朋友感慨说：真是美好曼妙的日本文化啊。

对于我们来说，饭碗是再日常不过的餐具，家里总会有，不经意间就在使用家里囤货时买的饭碗，也许根本没有什么时候是特意鉴赏后才买回家的。也很少有人会纠结饭碗的好坏。

所以，肯定也不是什么高级货，但还是想选用日本从古至今的传统手工艺制作而成的优良品。因为是日常的餐具，一个不超过三千日元的价格会比较合适。

日本最早的施釉陶器是濑户烧。在东日本，

一般会把所有的陶瓷器都叫作“濑户烧”，作为餐具，这个名词广为人知。但其实真的了解从平安时代传承下来的传统濑户烧的人很少，也不知道现在何处可以买到古法烧制的濑户烧。于是，我研究了一下，发现有一家叫作一里塚本业窑的窑户还在用“辘轳”[7]制作濑户烧。于是，我立即从他们家买了一只拿在手上大小合适的饭碗。那只饭碗真的很棒。淡绿色釉彩的感觉、拿在手里的重量及形状都十分可人，正因为有这样的饭碗，才会想把米饭吃得一粒不剩。

有了这次的经历，我在一里塚本业窑买齐了一套饭碗。一种小小的奢侈。就像我开头写的那样，送朋友也是一个很好的选择。

---

7. 日语中汉字“辘轳”指的是做木工活或做陶瓷器时要用的旋转式机器。

•page 177

选一把扇子做礼物的乐趣

Qushenghuo

到了夏天，熟人、朋友、公司下属之间总有一个惯例，喜欢互相赠送扇子。

夏天一年比一年热，拥有各种花色的扇子，也是一件开心的事情。

对于扇子，我偏好京扇子的老店“宫胁卖扇庵”的银座分店。习惯在梅雨结束后的一天，先去筑地市场吃个早饭，再顺带去店里挑选扇子。

一边想着要送的人，一边筹划着送给他这把，送给她那把，十分开心。但是，一个夏天就要选上十来把扇子，也是够呛。更何况每年都有想送的人，更是难办了。

我曾经很喜欢扇面上绘有鸟兽画的款式，买了各种各样的自己用。最近却对扇面上绘图的扇子有些腻味，开始用落语家在高座上表演时用的高座扇——扇面上无图无色，简单的纯白扇面；扇骨用的是烟熏竹这样比较高级的材质。近期一段时间，我比较迷这样的扇子。

查阅相关资料，发现江户时代正月里有给

亲近的人赠送白扇的习惯。另外，还了解到日常用品之一的扇子作为赠品已有一段悠久的历史。

自己的开心也想让别人体会，由这种想法出发，今年夏天，我想选扇面上没有纹样的高座扇送人。在“宫胁卖扇庵”里，高座扇没有摆在店面上，所以麻烦店员帮我从里面拿了一些出来。

这样一来，也不用煞费苦心挑选。获赠的人可以在白色的扇面上任意发挥，有更多用途。为这样一种新鲜的挑选扇子的方式感到快乐。

Qushenghuo

有了巴拿马帽　明年夏天也爽歪歪

“今年的夏天可真热。”

每到九月，总会说出这样的话。想以这种方式和这一年的酷暑说一声“明年再见”来道别。但其实，酷暑依旧会持续，所以总有那么一段时间会把这句话重复好几遍。

酷暑好不容易撤退之后，整个夏天积累的疲惫就一点点蚕食你的——不仅仅是——身体。你喜欢戴的巴拿马帽子，在充分吸收了一个夏天的阳光之后，筋疲力尽。对它说一声“辛苦你了”，然后将它整理出本应有的版型，再用湿毛巾擦拭，这也成了夏天结束时的习惯。

巴拿马帽子的特点是：可以遮阳，且长时间戴也不会软塌。它由编织的网孔大小来分出等级，市面上多是网孔比较大的。而厄瓜多尔产的正宗巴拿马帽的网孔很小，是不可多得的佳品。我的巴拿马帽网孔不大不小，但就是这种中等网孔也来之不易。

小时候，母亲就百般叮咛嘱咐：“夏天白

天出门，一定要戴帽子。”对于当时的我来说，这是与在雨天要穿长靴同等讨厌的事情。那时候的我认为：即便天冷也穿单衣，即便下雨也穿运动鞋，即便天热也不戴帽子，才是帅气的行为。

但是，当自己长大，也开始意识到巴拿马帽是夏天白天不可或缺的装备之一。烈日当头，一旦戴上帽子，甚至会想“还有比这更舒服的事情吗”。

与过去相比，戴帽子的成年人减少了。

明年夏天，也要迅速戴起巴拿马帽，整理好行装，凉快地上街散步去。

• page
183

『就趁现在买』的『现在』到底是什么时候

Qushenghuo

在夏天最盛的时候，就开始卖秋冬季节的衣服了。在特别热的日子里，为严冬置办衣物。

虽然这么说，但基本上不会有人买。等到逐渐变冷，才会去买一些必要的衣服。这才是一般的做法。但是，既然在夏天卖冬装，就说明是有人买。同时，冬天卖夏装也会有人买，是一个道理。

为了这件事情，我咨询了一下在服装店工作的朋友。

在夏天开始卖的冬装是那个季节的新款，相较一般的衣服质量更好。而且这样的衣服一般是限定数量的，对于想买的人来说，应该意识到“就趁现在买”，赶紧买回家才是正途。

原来如此。也就是说“在夏天买冬装的人，是要买应季衣服、紧跟时代潮流的时髦人士啊”，朋友连连点头。

另外，这些在夏天卖的冬装价格会相对较高（但也就是定价），而到了冬天则会通过促销等方式减价。听朋友这么说，我似懂非懂。如果这样的话，等天冷开始大规模卖冬装之后，不是谁都可以买到质量好的冬装了吗？时髦人士怎么就那么性急呢？

但是，在夏天结束，夏装开始大减价时，也会有些人想着“就趁现在买”，如此，每个人买衣服的时机不同。就像每个人通过买衣服获得的乐趣不同一样，“就趁现在买”这样一句话带给人的兴奋感也是不一样的。

那么，对于你来说，“就趁现在买”的“现在”是什么时候呢？

• page

186

穿奢侈的内衣　收获幸福的心情

Qushenghuo

到了冬天，一周会有一半时间穿高领的针织衫。如果外面罩一件夹克衫的话，也不会给人过于随意的感觉，还可以保暖，因此我很珍爱高领针织衫。

最近有一个趋势，针织衫设计得都很苗条，尤其是高领的，如果不瘦下来穿着很难看。所以我会为了每个冬天能够穿高领针织衫，而努力保持体形。

在穿高领针织衫的时候，要说里面穿什么，那就是 T 恤了吧。T 恤也有各种各样的，我认为在夏天可以穿在外面的 T 恤与冬天做打底穿在里面的 T 恤是不一样的，是紧身程度和材质上有不同。如果是穿在里面的话，就希望可以紧贴身体线条，材质是蚕丝与棉的混纺，这样柔软一些，肌肤的触感会舒服一些。

就是穿在里面的 T 恤也有价格的高低，选择起来要花费点心思。因为这种贴身穿的衣服类似内衣，所以穿上后的感觉光靠试穿是无法把握的，必须要穿上一段时间才能知道。

也就是说，穿在里面的 T 恤和内衣一样，属于“看不见的时尚”。虽然是随意穿也没人会知道，但如果你真的不追求它的质地的话，总会感觉自己很穷酸，我不喜欢这样的感觉。

我想对贴身衣物的品质有所讲究。

尝试了好多种以后，我选择了“HANRO”这一品牌的 T 恤。虽然穿上它真的很舒服，但价格不菲。话又说回来，如果选择内衣的时候奢侈一把，幸福感会充满内心。

咦，这种想法是不是有些偏女性化？

• page

189

旅行之乐：逛古董店

Qushenghuo

在我旅行的乐趣中，有一项是逛古董店。在我常去的古董店，店员会说着“好久不见”探出脸来迎接我，因为他们知道我的喜好，所以会准备一些东西给我挑选。我会看来看去，品头评足之后做出买或不买的决定。嗯，大多数时候还是会买的。

某日，有事要去仙台。

我之前还没有在仙台逛过古董店。这次有这个机会，希望深谙古董的熟人可以向我介绍一家我可能会喜欢的古董店。在这种时候，就必须要告诉对方自己想要什么。如果是东北，我很想要那里的黏土人偶。这样告诉他之后，他以不要告诉别人为条件，向我介绍了一家店。对于收藏家来说，这路消息很值钱。

去了几次之后，就没有了那种第一次光顾古董店时的雀跃，毕竟大体上知道那里都有些什么。

逛古董店最开心的时候是你和店还交往不

深，还不知道它那里有些什么的时候。另外，寻找自己喜欢的、风格相近的古董店所花的时间，也是美好的。

熟人介绍的古董店果然不负所望，黏土人偶的宝贝堆积如山。在东京见都没见过的逸品，在这里品类齐全地挤在狭小的空间里，真是让我大跌眼镜。

但是，这种时候，我尽量只买一样。如果我一下子就贪婪地买下很多，就会让自己失去再次光顾的期待。犹豫之后，选择了一件高二十厘米的小狗造型堤人偶[8]。

堤人偶的制作是仙台堤陶[9]工在冬季从事的手工副业。我对那只小狗撒娇似的面部表情一见钟情。它是一件江户末期至明治年间制作的古董。放在窗边看着，内心就充满愉悦。

但还是割舍不下那些没有买回来还放在店里的东西。看来去仙台的旅程将会持续下去了。

---

8. 堤人偶：仙台市青叶区堤町生产的黏土人偶。

9. 堤陶：仙台市青叶区堤町生产的陶器。

理发店的椅子　真舒适

Qushenghuo

我每两周去一次理发店剪头发。每次去都会因为剪头发时坐的椅子的舒适度而感动。

像大沙发一般的理发店椅子可以电动调节倾斜度。要说它舒适在哪，那就是它具有恰到好处的弹性与软硬度，让人觉得即便坐上一天，腰背臀都不会疼。在刮胡子的时候椅身可以放平，躺在上面也十分舒服。

我有一次问过：这到底是怎样的椅子？据说是日本公司制造的，椅子的性能在世界范围内获得一致好评。另外听说一把这样的椅子要五十万日元以上，的确值这个价格。

也是。理发店提供的服务不光是理发的技术，还有理发的那段时间里客人的舒适度。这样一想，理发店的椅子是与理发剪同等重要的工具，也理所当然价格高昂。客人坐在上面是否可以放松，是评判这家理发店服务是否到位的生命线。

一边想着这些事，一边从家附近的理发店

窗外向内张望。有些理发店用的就是简单的木椅子，不禁担心，这样的椅子会不会让客人坐着觉得屁股疼呢？虽然这家的装修很漂亮，但在这种椅子上长久地坐着是怎样一种感受？不过，要买齐一整家店五十万日元一把的椅子也是件不得了的事情。

对于理发店来说，选用这么贵的椅子一定也不是件容易的事。从今往后，坐这种椅子的时候应该怀有感恩的心情。

• page

195

结实的美元纸币

Qushenghuo

我第一次去美国是在十七岁的秋天。

在成田机场，把身上寥寥无几的日元换成美元的纸币，兴奋而忐忑地踏上飞机。

靠近目的地洛杉矶的机场时，邻座的男士有条不紊地从钱包里取出纸币，用手把纸币一张一张卷得小小的。然后再把卷起的纸币摊平，舒展到原来的状态。

这位男士注意到我在盯着他看，就向我解释说："崭新的美元纸币很容易在指间滑落，用起来不方便，所以故意这样把它弄得旧一些。"

他的这种做法很明智。从此，我也会在使用新的美元纸币前，将它弄旧。使用美元后，很快就明白这样做会有什么效果。

听说，美元纸币十分结实，可以用五十年。好像是棉纺的混织物。另外还有个传言是，如果遇到棉花歉收的年份，美国造币局会求助牛仔裤厂家，用它们生产牛仔裤的边角料来补充不足。

也就是说，美国纸币与其说是“纸”，倒不如说是“布”更贴近些。有时会遇到一些如油面鹿皮一般柔软的纸币，佩服它不易破损的工艺。如果说不是纸，而是布料的话，倒是可以理解。

说回日本的纸币，用的是高级和纸的原料“结香”。在世界纸币范围里也是相当高品质的。也是件值得自豪的事。

• *page*

198

Qushenghuo

选枕头　终于遇上好物件

从小时候起我就很难入睡。长大成人后，想要改善一下自己的入睡方式，没少下功夫。

首先，就是选择好的寝具。

听说被子要轻的比较好，就把原来用的改换成了一床轻薄但保暖性好的被子。因为很轻薄，一开始有些担心是否足够暖和，习惯了之后那真是很舒适。

另外，时常注意保持床单清洁也很重要。床单刚洗好的那种爽快感，是快速入眠的基本条件。上床时保持一份好心情特别重要。

然后，就是枕头。

有助于快速入睡的物件中最关键的就是枕头，只要能买到适合自己的枕头，就相当于赢得了改善睡眠这一战役。但是，我逐渐发现没什么比选枕头更深奥、更难捉摸的了。

据说低弹力枕和健康枕对头颈负担小，所以我尝试了一个又一个。但是，一直没能找到适合自己的枕头，这让我很伤脑筋。

一开始会被那股新鲜劲儿吸引，但渐渐地不要说有助睡眠了，有的甚至会造成失眠。枕头不亲身使用就没办法知道是否适合自己，这一点是个难点。这样一来，就落了个所谓的“枕头难民”的状态，陷入“买枕头、尝试、买别的枕头、尝试”的循环。

但是，老天没有抛弃我。找到一家店可以帮我调节羽毛枕里羽毛的容量，还建议我叠用两个羽毛枕。于是，我把二百克和三百五十克的两个枕头叠在一起用，头颈找到了一个多了一些嫌多、少了一些嫌少、恰到好处的舒适度。

可喜可贺。我终于收获了此前从未收获的一种舒适的入睡方式。

但是，卧室里已经像是要展示枕头似的，往年至今买的枕头一溜排开摆好。一想到要收拾这些枕头，我的睡眠质量又一下回到从前。

• *page*

201

执着于胶卷相机

Qushenghuo

女儿是初中生了，让她做一下拍照时的动作，她就两只手假装拿着相机离脸远远的，摆出一个看着小的液晶显示屏的姿势。或者，说着“可能就是这样吧”，然后一只手举起手机伸开手臂。

就她的年纪来说，出生起就没有从取景小窗口看到要拍照的景象然后按下快门的体验，会比照出这样的动作也是无奈。

我不是讨厌数码相机的便利性，但是很怀念从前用胶卷相机时的那份快乐。用少得可怜的零花钱买回胶卷，还要认真考虑一卷三十六张照片要拍些什么，毕竟相片张数有限制。考虑着光线以及曝光、聚焦，为了不晃动相机而屏息凝神，最后按下快门。这一系列的动作都只有从前才会有了。

然后，把拍摄完成的胶卷拿去冲印，在等待的过程中也很兴奋。看着冲印出来的相片，要么失望，要么高兴。这些事情都会让我们心头一紧。

正因为有这样的回忆，所以现在用胶卷相机拍照也是我的兴趣之一。这其中有许多用数码相机品味不到的、难以形容的感觉。用人做比喻的话，就是——接受他好的与不好的两个方面之后，还与他交往——类似这样一种怜惜人性的心情。

某个时期所有的工具用品（例如还没有通电的时代），都是这样的。

人也好，物也罢，是只有我不喜欢仅仅只有长处的优等生吗？正因为有了不好的一面，所以稍微一点点的长处也会闪出光泽吧。

可能是因为，对方既有优点又有缺点，会让你感受到一种“彼此彼此”的悠然舒适吧。

嗯，可能真是如此。

Qushenghuo

让人产生阅读感的是『好照片』

某日，一边喝咖啡一边和朋友谈论起照片。讨论如何评判照片的好坏，也算是个没头没脑的话题吧。

到头来得出的结论是：照片是应该用来阅读的。要说读些什么，那便是照片上所传达的故事。如果是好照片应该有值得读的故事，不好的照片就没有任何值得读的故事。

假设我们面前有一张照片，如果看见它的人由衷地被它吸引，那这张照片肯定有可以吸引他人的一些小要素。这些小要素就是照片故事的一部分，是故事的起点。

比如，要素是一个孩子坐着。这个孩子到底在做什么？这个孩子是从哪里来的，在想些什么？此后会做些什么？孩子与周围的东西有着怎样的关联？这样的问号此起彼伏，可以串联成一篇文章，有时还会起承转折，甚至可以成为一个让你感动的故事。

如此这般，可以调动起看照片的人的文学

性想象力，可以被人阅读起来，就是成为好照片的条件。

试着改变一下思考角度。

小说这种讲故事的形式，是写成几百页的文章。如果说照片应该被阅读的话，仅仅靠它一张的描写，就要努力表现出几十页甚至几百页文章的一种尝试。

所以，照片应该不是被看，而是被读。而且我和朋友达成的共识是，照片是应该通过仔细阅读来享受、品味的。

不知道这种想法是否妥帖。

热爱的《银座百点》焕新颜

Qushenghuo

经常被问：“您通常读什么？”每当这时，我都会回答：“现在以及过去喜欢的都是《银座百点》。”从创刊到最近这期，我已经收集了逾百本。

《银座百点》创刊于昭和三十年（一九五五年），是宣传银座的杂志。初衷是为了让读者可以打一百分，所以刊名中用了“百点”二字。

它的大小是可以放入包和上衣口袋里的小开本，这样的尺寸方便携带，很好。购物的途中在咖啡店里读，或者在回家的电车里读，都是一种乐趣。

它的内容很丰富，包括与银座有因缘的文化人和作家的座谈会，或者访谈、散文、小小说、银座的各种购物指南、俳句之类。读完一本，就会觉得自己能充分感知到一个与购物、散步时遇见的银座不同的银座。它在任何细节上都洒脱、不俗的品性最吸引人。我非常喜欢银座。

《银座百点》的魅力还在于封面的美。最

古老的封面由佐野繁次郎执笔。最近喜欢的是小杉小二郎的画。《银座百点》因为他的画也有了新的面貌。

从今年（二〇一五年）起，杂志的封面与装帧设计由 craft ebbing&co.[10] 承担。新的封面很棒，有种清新的风流淌而过的感觉。

打开杂志，里面登载着朝吹真理子和半藤利一的散文等连载类文章，内容很充实。这么说来，向田邦子的《父亲的道歉信》和田诚的《银座界内激动人心的日常》，这些名作都是由《银座百点》推出的。

往后，我会一如既往地紧跟《银座百点》的风向。

---

10. 由吉田笃弘与吉田浩美搭档成立的写作、设计工作室。

小型收藏本的美妙之处

Qushenghuo

• *page*

210

在东京神保町附近有一家叫作“三月书房”的小型出版社。如果有谁可以联想到“说起三月书房，那里可盛产小型收藏本呢”，那我相信他肯定是非常爱书的读书家了。我就是这样的人之一。

到现在还用精湛的手艺来进行装盒、穿线的精装本就是小型收藏本，书名是烫金印刷。想到如今还有这样费心费力制作书的出版人，每当新刊刊出时总是很感动。翻开手中的书，是非常精致小巧的一本，惹人喜爱。而且，这些大多数都是笔触老练的作家随笔，看着它们真是非常开心。

小型收藏本的出版始于一九六一年，至今逾五十年，方兴未艾。在此列举几个作家的名字：福原麟太郎、网野菊、户板康二、奥野信太郎、壶井荣、安藤鹤夫、辻嘉一、江腾淳、池岛信平、志贺直哉、小沼昭一、高桥诚一郎等声名显赫的作家。作品逾八十篇。

我第一次接触小型收藏本是奥野信太郎的《街镇恋爱记》（一九六七年）。曾经我特别想读这本书，就在东京的二手书店转悠。店员一听我问“有没有三月书房的小型收藏本”，都会说“啊，是那种小小的很精致的书吧”，每一家都收藏着几本。

就这样收集起来的小型收藏本的书，把它们排列在书架上，也是一道很赞的风景线，我也因此体会到了满满的幸福感。

由于书的尺寸小，立起来的姿态又很优雅，小型收藏书应该是现在众多书籍追求的一种形态。也有一些数量有限的特装本。听到好几位作家说：想成为这样的书的作者。

第五章 上年纪的心思·诀窍

无论到什么年纪，都会有各种发现

• page

215

七十岁到达幸福的巅峰

Qushenghuo

我最近在思考自己的将来。

按照世俗的说法，中年以后考虑人生，多半是觉得要不断衰败下去了。已经是大叔了。如果是运动员或演员的话已经送走了巅峰，也就要把自己的一席之地让位于年轻人了，是这样的想法吧。

但是，稍等。四十岁其实还相当于是淌鼻涕的小孩呢。从二十岁成人开始计算，成为社会人也就二十年，还嫩着呢。如果想到自己应该工作到七十岁，那么从今往后的路程还很长。还不到说泄气话的时候。

也就是说，到这个年纪，不是差不多到头了，而是从今往后啊！是的，从今往后才是我真正的舞台。

这样一想，就突然有了精气神。也就是说，人生始于四十岁，现在开始要离巢振翅腾空了。这样一来，五十岁、六十岁，一步一步，让人生愈加熠熠生辉，到七十岁的时候迎来最幸福的时刻。

原来如此，如果七十岁是巅峰的话，四十岁起就要把前面的事了解一下，重新起步，这往后的三十年会决定你的生活方式。不是随波逐流，而是强势地去进攻。

世上的各位中年人啊，不要因为被社会的不景气、年老后的退休金问题、雇佣状态的不稳定困扰，一蹶不振，不是到七十岁人生才迎来似锦繁花的吗？即便现在是五十岁，也还有二十年呢。这样一想，时间还很充裕。

而且，在退位之前要利落地收拾好自己分内的事，这样才可以在七十岁到来之际，从容地把自己的席位移交出去。

现如今，正是这样的时代。

• page

218

制作年表　深入读书

Qushenghuo

读历史长篇小说这样的读物，常会因为出场人物多、时代跳跃大而不明所以。如果在不知所以然的状态下继续读的话，虽然能知道自己读过，但好不容易读过的内容会进不了脑子里，内容的趣味也会因此减半，那就十分可惜了。

这时候，要用上丸谷才一在他的著作中提到的办法：制作年表。

虽然比较耗工夫，但是按照时间序列整理出发生过的事情，再把出场人物也写上的话，你会在阅读过程中有之前没注意到的新发现。最重要的就是用眼睛确认后可以明白故事情节的这种安心感。

而且，制作年表比想象中要有趣，读完一本书之后回看，会发现读书中的另一种成就感。感谢丸谷先生，教给我这么好的办法。

而且会意识到，那些我原本以为自己弄明白的地方，其实意外地存在很多模棱两可。在我自己试着开始做年表之后，我确信这种情况一定会发生。

想做一份从出生开始直到今日的年表，但却因为想不出应该写些什么而困惑不已。

首先要写的是学历、就职履历，虽然理应是有很多要写的，却什么也想不出来。

但是如果你不放弃继续想的话，某个记忆的断片会成为一个契机，就像打开水龙头一样，包含着那些可有可无的事情，水流如注般一涌而出。

这时候的感受真可谓畅快淋漓。看着年逾四十的自己的人生年表，也已经成就一段小故事了，并非毫无价值。

• page

221

虽然很麻烦但是很开心

Qushenghuo

虽然很开心，但是很麻烦。虽然很麻烦，但是很开心。

所谓的兴趣爱好，不就是这么一回事儿吗？

我问朋友：“最近你有没有碰到什么麻烦事儿啊？”回答大体上是：料理院子里的植物、做费事儿的炖菜、找了很久才买到东西之类。

听上去却是很开心的样子。如果我说：“这是你的兴趣爱好呀。”对方都会点头应对：“嗯，可能是的吧。”

我和朋友说过这样的话：“长大成人到底是怎么回事呢？”朋友回答说：“难道不是不说麻烦吗？”

还是个孩子的时候，会觉得穿衣服脱衣服、洗脸、拿出东西收拾东西，什么事情都很麻烦。

但是，随着年岁的增长，不断积累起对物与事的理解与认同之后，会把麻烦的事情不当作麻烦。然后在麻烦的事情中发现乐趣，这件事就会不知不觉地近似于兴趣爱好了。

如今，可以解决麻烦事的商品和工具不断推陈出新，简单、轻松和快速都被附加上了与其价值相当的价格。现在想来，在麻烦众多的昭和高度成长期，大人们还有那么多兴趣爱好，真是令人吃惊。那是一个有趣的好时代啊。

现在“兴趣爱好”这个词在年轻人之间，正逐渐成为“死语”。我想，往后如果我们不能守护住这些麻烦的东西，有趣的东西可能会渐次消失，我很担心。

第一次经历体寒

Qushenghuo

• page

224

这个冬天，我有生以来第一次经历了体寒。

至今，无论多冷的日子，我的手脚都是温热的，所以很讨厌一句俗语“双手暖和心肠冷”。

但是，我还从来没想过体寒是这么折磨人的一件事。一位女性朋友说，世间女性多体寒。如果真是这样的话，那也真够可怜的。想起父亲经常说，感到冷的时候就多动动身体。于是我把冰冷的手指张开握紧，又让脚趾在鞋子里动个不停，但还是很难暖和起来。

这可要怎么办才好，真让人伤透了脑筋。像去年以及之前的自己那样未被体寒困扰过的人可能不会知道，体寒是多么难受。

体寒的原因之一是缺乏运动。我的兴趣爱好是跑马拉松。所以我体寒的原因不是缺乏运动。不知道原因也就算了，总之得想个对策。查阅了各种资料，也尝试了各种方法。

当手脚感到冰冷的时候，立即就起效果的是把热毛巾放在脖子后面热敷。这样一来，会改善全身血液流通，手与脚也会感到暖和。用衣物来保暖脖颈、手腕、脚踝这三处，也可以起到不让自己感到寒冷的效果。有一个比较出乎意料的办法是，围上裹肚也可以取暖。腹部暖和之后，全身的血液也会跟着暖和起来。

小时候，母亲每天都会为我围裹肚。

一想到这件事，不自觉地连心情也逐渐暖和起来。

• *page*

227

保养牙齿与牙龈成为我的兴趣

Qushenghuo

到了四十五岁以后，保养牙齿和牙龈渐渐成了我的兴趣。我认为尤其重要的是牙龈的健康。

我们有必要知道应该如何预防齿槽脓漏，或者如何治疗。众所周知，牙龈的状态不好的话，就很难治疗蛀牙。齿槽脓漏而非蛀牙导致牙根坏死的例子不少，更令人害怕。

不仅吃饭之后要有刷牙的习惯，正确的刷牙方式也是一个要点。不可以草草了事。要用力拿住牙刷，认真仔细地去除牙齿上的污垢。虽然仅仅做到这一点就可以让你的牙齿干净舒适很多，但这还只是一个开端。

其次，要用毛束凝成一股、毛尖像笔一样的间隙专用刷（one tuft brush）来清洁牙刷清洁不到的地方。这时候不需要用牙膏。

接下来，就是用适合自己牙缝尺寸的牙缝刷（L 字形状的牙缝刷比较好用）在牙齿间进进出出地清除牙齿间污垢。

用了牙缝刷，你会惊讶于原来还有这么多

食物残渣留在口腔里。最后一步就是用牙线（线装牙签）来进一步清洁。

三餐之后都坚持这样的操作，你的牙龈会越来越健康。需要注意的是别弄疼自己。

虽然蛀牙可以治疗，但是齿槽脓漏就很麻烦了。

所以，就从每天的牙齿与牙龈保养开始做起吧。

也可以把它当作自己的兴趣爱好哟。

四十五岁以后 注意牙齿卫生

虽然我以为自己一直十分注意牙齿保健，但到临近四十七岁的时候，却因发现了蛀牙而去看牙医。拔掉或浇筑，总之是给我治好了。

但一定不是最好的状态了。内心产生了不安：这颗牙齿，还有这颗，有朝一日总会被拔掉的。假设时间流转到二十年后，也不知道是否还可以靠自己的牙齿吃饭。如果要依靠假牙或者人工牙根的话，可能今天能品尝到的菜肴的美味，到那一天就品尝不到了吧。

一想到这样的日子，不禁打了个寒战。

对于生活以及健康，每天的饮食都是最重要的。那么，要说我是怎么做的，我去探访了一位倡导成年人口腔保健的牙齿矫正的名医。在那里的所见所闻让我大惊失色。

没有蛀牙就可以放心，这样的说法是大错特错。

我从那里知道了以预防医学来治疗的必要性。也就是通过仔细检查牙齿排列、咬合状态、口周骨骼、牙龈、每一颗牙齿的状态、治疗蛀牙的经过，制作出数据进行分析，由此判断出自己牙齿的未来。这就是牙齿的预防医学。

然后我意识到，如果我想二十年后还继续用自己的牙齿吃饭的话，我应该立即让牙医帮我治好所有能治的牙齿问题。一定意义上，当下的四十多岁是为将来保住牙齿的最后机会了。

和我一个年龄层的各位读者朋友，一定要按照牙医的指导，接受常规检查。就像定期接受车检一样，保护好自己的牙齿。

• page

233

切实感悟　万事不可勉强

Qushenghuo

我参加了在神奈川县举办的湘南国际马拉松比赛的十公里跑。这是我第一次在自己希冀已久的大会上出席。当天我也没有特别紧张，就完成了比赛，也达成了跑一小时的目标。

因为平时是一个人跑，所以像这样和那么多人一起跑非常开心。往后要朝着半程马拉松的方向努力，平时的练习需要再加把劲儿。

这样决定之后，某天跑步途中脚踝感到强烈的刺痛。当时认为不会有大问题，就像往常一样将练习进行到底。但是，第二天想再开始相同的练习时，前一天感受到疼痛感的脚踝内侧产生剧痛感，甚至无法像样地走路。

去医院被诊断为“外胫骨炎”。因为错误的跑步姿势，或者跑步过量而导致内脚踝骨前下方的外胫骨疼痛，据说像我这样练习过多的跑步者经常会有这样的症状。

治疗方法，首先让腿脚得到休息，然后针对具体原因锻炼肌肉。另外，很重要的一点是要改善跑步姿势，防止复发。这次的疼痛持续了三周。当然，在这期间没法跑步。我写这篇文章的时候，距离第一次感到疼痛过去了一个月的时间，虽然疼痛症状已经缓解，但还不能跑步。

通过这次经历，我的切实感悟是：要时常保持自制力，万事不可勉强。

而且，因为受伤再次学习了适合自己的锻炼模式、正确的跑步姿势、骨骼与肌肉的关系。

感谢这次受伤给我留下了宝贵教训。

憧憬戴眼镜的我开始老花眼了

Qushenghuo

• *page*

236

视力良好是我小小的自豪。

至今一年一度的体检中，我的左右眼平均视力依旧维持在 1.5。从小就因为什么都能看见而骄傲得意。

但就是所谓的“自己没有的都想要”，我时常羡慕戴眼镜的人，还特意在光线昏暗的房间里看书，尝试让自己视力下降，但是我这与生俱来的视力的强悍之处在于它丝毫不受影响，左右眼视力依旧保持在 1.5，我也就终止了自己的尝试。

不是经常会有人因为看不见而把眼睛眯缝成一条线吗？虽然我很想做一下这个表情，但终究是一次都没做过。感谢之情由衷而起。

但是，就在最近的某天，我拿着饭碗准备吃饭。和平时一样，我用筷子夹起白米饭正要放进嘴里的时候，发现白米饭看起来一团模糊，觉得很奇怪。虽然远处的东西什么都能看见，但在眼前的东西却都模模糊糊。那之后我时常有这样的体会，所以惊慌失措。这算什么事啊，我内心纳闷。

我跟朋友说明了事情的经过，从朋友那里得知这就是世人所说的老花眼的开端。

但是，看远处的东西时左右视力还是 1.5，现在日常生活中会意识到自己已经老花眼了只有在吃饭的时候。

朋友给我的忠告是：早佩戴老花镜比较好。是我那么想戴的眼镜啊，我是不是应该高兴呢？

虽说如此，但是只在吃饭的时候戴眼镜也有些奇怪吧。

就因为“饭快要进到嘴里的时候看起来模糊”就配眼镜，这到底算好还是不好？

毕竟对看书还完全没有影响啊。

• *page*

239

只在写信和吃饭的时候戴老花镜？

Qushenghuo

我到底还是买了老花镜。

虽然从小视力好是我的骄傲之一，但随着自己接近五十岁，视力的问题也给日常生活带来重重不便。

首先，写信变得困难。

因为我工作的性质，每天都要写好几封信件。坐在书桌前，准备开始写的时候，发现笔尖变得模糊，看不清楚。一开始，只要挺直后背，就可以找到一个合适的距离让自己眼睛的焦距对上笔尖，我还因为这样顺带帮我改善了坐姿而高兴。但是对上笔尖的焦距变得越来越长，最后无论我如何挺直后背都没有用了。

还有一件事。吃饭的时候，用筷子把饭由手里拿着的饭碗送到嘴巴的过程中，看到的米粒是模糊的。虽然看上去模糊，但总归是可以吃到嘴里的。即便如此，还是会有些不舒服。写信和吃饭这两件事都是我喜欢的，没办法像原来那样顺心地进行，这让我感到苦闷。

然后，我戴上了老花镜。居然能看得这么清楚，要是早一些戴上就好了，心中有些悔恨。

但是我又觉察到现在生活中需要用到老花镜的场合也就限于这两件我喜欢做的事情，其他时候用老花镜反而会带来不便。戴老花镜走路的时候，眼睛无法聚焦，会产生危险；读书的时候，还是不戴眼镜看得更清楚。

这么想来，就只有在写信和吃饭的时候戴老花镜吗？有些奇怪啊。

那么喜欢的两件事，多亏了老花镜，依旧可以享受其中的乐趣，这给我带来了此前不曾想过的幸福感。

找住处记得检查噪声

Qushenghuo

我深刻地意识到：找住处也有擅长与不擅长之分。这么说是因为我回顾了一下自己过去的经历，发现净是些不尽如人意的事情。

虽然我们会对自己的住处抱有一种理想，但是很多人会遇到必须要妥协的部分，这也是没办法的事。即便如此，我们也很想把这样的妥协减少到最小。那么为了达到这个目的，需要做些什么？

对于我来说，绝对不能让步的是什么呢？

那就是生活噪声。虽然通常是在白天去找住处，但是结束一天的工作待在家里的时间通常是晚上和早晨。晚上和早晨的噪声怎样呢？尽可能要确认一下附近都有些什么。

有没有车辆、人流出入很大的公司，周围居住的邻居生活是否规律。有人按照十分神经质的态度检查周边，但却因为没办法事先确认邻居深夜是否会产生噪声，之后产生噪声也没法抱怨，在苦恼和不甘心下最终将住处转手，我听说过这样的例子。也听说过有很多人会因为早晚宠物的叫声而烦恼不已。因为生活噪声而睡不好觉，是十分严重的问题。

可以拜托房产公司的人向邻里做调查，或者自己确认好，除此之外别无他法。但如果省略这一步骤，后面肯定会有麻烦。据房产公司说，现在因为生活噪声问题产生的纠纷非常多。

所谓左邻右舍，在选择住处的时候，不仅要看建筑物内部的结构、房型布局，还有必要掌握一些邻里间的信息。

也许在不久的将来，就会诞生一种全面调查房屋的侦探服务行业。

• page

245

猫咪与午觉给我幸福

Qushenghuo

周日的中午，我抱着一本正在读的书，横卧在沙发上。

虽然屋外依旧很冷，但是这春天般的阳光晒得屋内很暖和，心情也好。

在脑后放一个高度大小正合适的靠垫，眼皮愈发沉重。

我家有一只上了年纪的猫咪，每当我这样放松下来之后，它就像久候多时似的，跳到我肚子上，弯起身子成一球状，闭上眼睛。

是的，这家伙很喜欢被摸耳朵。开玩笑似的用手指拽住或拉扯它的耳朵，它就会瘫软下身子，好像再也没有比这更舒心的事情一般。我这样逗弄它之后，自己的心中也充盈着幸福感，意识变得蓬松而模糊。

当我睁开眼睛的时候，听到窗外空地上挖掘机工作时的轰鸣声。

好不容易获得这样一份幸福的心情，却被它搅弄得情绪焦躁不安起来。但是想着不要在意这些细节，再一次闭上眼睛。然而没用。即便施工的声音变小，我也会十分在意，真拿自己没办法。

不经意间看到肚子上的猫咪。它完全没有注意到施工的声音，还在熟睡。明明猫咪的耳朵比人的更加灵敏，为什么还睡得着呢？感叹着猫咪可真厉害，挠了挠它的脑袋。

虽然我想要起身，但是猫咪顽固地待在肚子上纹丝不动。施工的声音还没有停。服了服了，我只有保持着这个姿势。不知何时又睡熟了。

等我起身时，肚子上的猫咪已经不在了。

允许小猫在院子里玩耍

Qushenghuo

• page

248

我家养了两只猫，于去年（二〇一三年）和今年四月先后离世。这两只都是将近二十岁的年纪，寿终正寝。虽说如此，但是接受这一切也不容易。猫砂盆和猫抓板这些原本看习惯的东西，突然从生活中消失，只有徒增心中的落寞。

我和妻子都喜欢捣鼓院子里的花草，所以没有猫咪可以照顾之后，我们就全心全意地去料理院子了。

就在这样的情况下，有一天我们的院子里出现了一只母猫和三只刚出生的小猫。要论可爱程度，真是没有比小猫更甚的了，我们隔着窗户看到它们的时候，都大声欢呼了起来。

那天之后，这一家猫咪就把我们家的院子当作安全的玩耍场地，定期来造访了。天真无邪的小猫你追我赶，或者跳起来玩树叶，光是看着它们的样子就觉得内心被治愈了。

随着小猫们成长起来，它们也玩得更疯了。

可爱是可爱，但我和妻子担心我们精心培育的香草、球根和盆栽。

小猫们玩起来，花盆会倒，花茎会折，砂石乱飞，收拾得整整齐齐的院子就像经历过暴风雨一样。因为它们可以缓解我们寂寞的心情，只要它们在这里可以尽情玩耍就好，我和妻子决定允许它们在这继续玩耍了。

最近，我即便上了二楼，只要它们开始玩耍，我就能通过听声音知道。毕竟，它们很快就会长大，然后就不知道会跑去哪里，当它们还小的时候，就请把这个院子当作自己的家吧。

我们夫妇二人因为可以尽情地看它们玩耍，满意得眯起了眼睛。

• page

251

怀念曾经吵嚷的早晨

Qushenghuo

我出生于昭和四十年（一九六五年），长在东京。回想起小时候，耳朵深处就会响起各种各样的声音，尤其是早上的那段时间尤其让人怀念。

每天早上，邻居们会相继支起窗户，从这窗户吱呀吱呀的声音开始，还有对门家大叔大声打呼的声音、每天同一个时间响起的闹铃的声音、从电视里传来早间新闻的声音、从水管里流出自来水的声音。餐具碰撞的声音、一大早就在那里吵架的声音。狗的叫声、孩子在家中奔跑的足音。

就这样，早晨在各种声音的混杂中热热闹闹。是的，早晨充满了生活的声音。

虽然我每天都会对这些晨起听到的声音喊着“好吵”，但却不知为什么对它们讨厌不起来。就算在孩子的心里，也可以从早晨的声音里判断出今天的自己也安然无恙地活着，声音让我感到安定与平和。

现在，我新搬的住址，虽然是一处居民区，但早上几乎听不到声响，也不会觉得“好吵”。听不见狗叫。今天的早晨也非常安静。

那段日子，每天早晨怎么就那么喧嚷?

现在想起来，倒是怀念起早晨的声音了。

理由之一，可能是小家庭的增多吧。随着高龄人口的增加，越来越多的夫妇选择与父母分开居住，而且独身一人住的家庭也在增多。这种小家庭化的趋势还会继续进行下去。

在我小时候，小家庭还很少，而现在比比皆是。

我们的生活，会越来越沉寂的吧。

父亲在人生最后叫出母亲的名字

Qushenghuo

• page

254

我的父亲在今年（二〇一五）年初去世。父亲是典型的大男子主义，再加上有些含蓄吧，他长年直接用“喂”来招呼自己的妻子。哪怕这种称呼在夫妻间没有不妥，但当时还是个孩子的我特别讨厌这种叫法。因为我很喜欢母亲。

这种情况开始改变是在他们抱上了孙子之后。我们夫妻俩也因为孩子的出生，很自然地把“爸爸”“妈妈”改口成了“孩子爷爷”“孩子奶奶”。也许是为了呼应我们的称呼，母亲也改口叫父亲“孩子爷爷”，父亲改口叫母亲“孩子奶奶”。不再用“喂”来招呼母亲，我很开心。

过了八十岁，父亲就基本过起了卧床不起的生活，就同高龄者中常见的那样，开始变得任性，稍微有一点不中意的地方就会大发脾气。这种时候，他通常会大声地喊“孩子奶奶、孩子奶奶”，让母亲很困扰。

某一个周末，亲戚朋友来我家聚会，父亲就在那天去世了，所谓的猝死吧。结束了他八十三年的人生。

四十九天之后，母亲不经意间跟我讲了这样的事：在父亲去世前一个星期，父亲不再称呼母亲为“他奶奶”，而是叫她“悦子”。母亲说，成为夫妻以来，父亲从未叫过她的名字。

“可能是知道自己快要离开人世了吧。即便如此，突然叫起我的名字，他还有点不好意思呢。”

母亲这样说着，开心地羞红了脸。

我也想听一听父亲叫母亲的名字。

我把父亲的牌位拿在手上，双手合十。

• page

257

『全面肯定』的老年生活

Qushenghuo

有些人会随着年纪的增长，而开始更加坚持自己的好恶与是非，从而会被人说成“难处的人”“啰唆的人”“麻烦的人”。我自己也有一半是站在抱怨他们的行列中的吧。

前几日，听见一位上了年纪的人说：“和上年纪的人相处，是件不容易的事啊。”的确，有一些难以相处的老年人，但也不是所有老年人都这样。我想把他们分为两个阵营如何？一边是烦人的，一边是不烦人的。也许可以这么粗略地划分吧。

有种说法是，越是上了年纪，越像个小孩子。其实，也有一些人会年纪越大越成熟稳重。这样的老年人对所有的事情都持肯定态度。

不管是什么事，他们都会点着头认真听对方的意见。即便是令人讨厌的事，他们也会“嗯嗯，是这样的啊”，表现出一副尊敬对方、理解对方的姿态。

如此这般肯定对方之后，再以柔和的方式

向对方提出意见："但是，也可能有这样一种不同的想法，我也听说过这种情况……"

这样一来，对方也会心情舒畅地接受意见，还会非常轻易地推翻自己的主张，很有意思。

也许全面肯定的老年生活方式，就是能度过安稳晚年的秘诀吧。

全面肯定，就是无争无抢。

那么，我应该可以成为这样的老人吧。

第六章 兴趣爱好的心思·诀窍

• *page*

263

在酒店的吧台上午休

Qushenghuo

有时，会想漫无目的地去什么地方走走。

放下所有，享受悠然自得。

但是，还有工作，还有家庭。还有无数琐碎的事要处理。

有这重重阻碍，动弹不得。“那么，再忍一忍吧”，应该所有人都经历过一两次这样的心情吧。

这样想是天经地义的。因为这样你才是身心健康的，你才可以一天天努力着。

想松一口气的时候，你不妨尝试到一家老派大酒店的吧台去吃一顿午餐，小酌一杯，慢悠悠地度过一个中午。偶尔来这样一次小小的奢侈，也是不错的吧。

何不试着给自己一次这样的鼓励？白天的酒店吧台，客流不多，是放松的绝佳场所。

比如，帝国酒店的“旧帝国酒吧”。他们家的汉堡绝对一流，或者美国俱乐部三明治也非常美味。饮品的话，用健力士黑啤和香槟酒兑出的鸡尾酒（Black Velvet）和这些食物很搭。

我也很喜欢 New Otani 酒店的吧台“Bar Capri”。那里的汉堡包很好吃，但我故意点了鳕鱼子意面。极力建议你们自己去尝一下它的味道。一边想心事一边品加冰块的马蒂尼，也挺好的。

当我开始这样尝试后发现，午间休息的时候在酒店吧台上度过的一个小时与平时的午间一小时有着天壤之别。

知道如何让精疲力竭的自己重整旗鼓，也算是作为男性的一大修养吧。

• page 266

寻找一号店　感受原点

Qushenghuo

我被“一号店”这个词吸引住了目光。

即便是如今很受欢迎、在世界各处都有连锁店，它也一定会有最早开起来的那家店。这家一号店在哪里，是怎样的店，我常常沉浸在这样的思考中，想要用自己的双脚去探访一次。

接触到残留在一号店里的这个牌子或者这家店的原点，也是我的期待之一。

比如，摩斯汉堡（Mos Burger）的一号店在东京都板桥区的成增。在这里，以一种怀念的氛围展示着创业时的照片、能表达创业者感恩之情的一些老物件。虽然是吃习惯的汉堡，但是坐在这家店里，会有一种一边想着它是绝对正宗的味道，一边品味的乐趣。

前几天，我去波士顿的时候，探访了唐恩都乐甜甜圈（DUNKIN’ DONUTS）的一号店。在这里也能感受到历史，对于热爱这家店的人来说，这里就是传说中的必到之处。在 20 世纪 50 年代开业的一号店里吃到的甜甜圈的味道，果真比平时吃的都要美味呢。

最近出现在日本的蓝瓶咖啡（Blue Bottle Coffee）是在二〇〇二年诞生于离洛杉矶不远的奥克兰。当然，这家一号店现在还在营业，是一家非常紧凑简朴的店，完全联想不出它现在的受欢迎程度。

因为它开业的时候，我恰巧在洛杉矶，所以对当时的情形很清楚。那里的咖啡师称作Barista，惊讶于他们手冲出来的咖啡的美味，经久难忘。

去寻找世界上各种各样的一号店，就是这么开心，已经成为我的兴趣爱好之一了。

对着『你』说话的收音机

我很喜欢收音机。

它能传递声音，你可以一边做其他事情一边听。能听到人的说话声音的这种亲切感，十分温暖。

当我还是个小学生的时候，只被允许在吃晚饭前看电视，倒是没有限制我听收音机。也有可能不是不限制，只是我抱着收音机钻进被窝，把音量调小听的事，父母不知道罢了。

那时的我很容易害怕，夜晚寂静无声时会感到不安。这时候，收音机里的人声和音乐会为我消解这种情绪。收音机是我夜里的伙伴。

最近让我吃惊的是，可以在电脑上收听收音机节目。不用为了听得更清楚而不断辛勤调节天线的位置与朝向了。当然调节频率时的杂音也没有了。从电脑里听到的收音机节目非常清晰，即便是小音量，也听得很清楚。

感慨现如今时代的便捷性。更何况连手机上也可以听。现在用电脑和手机都可以看电视了，所以也不是多么大不了的事情，但是我一直把收音机的声音想象成从一个小盒子里发出来的。

这样的我，现在从事的工作与收音机的节目相关。每周四晚上八点五分到九点半这大约一个半小时的时间，是和模特桐岛加恋围绕着生活谈话的节目。

一边说话，一边注意到了这么一件事：其实麦克风的对面只有一个人。大体上收音机对面的听众是一个人，所以说话的时候不是说“大家好”，而应该是“你好”。

即便一周一次也要坚持乐器练习

Qushenghuo

• page

272

所谓的兴趣爱好，就像是发热一样，一会儿烧起来，一会儿又退烧了，如此反复。

对我来说，原声吉他就是这样的。

初中的时候，一度很迷恋，玩了几把，很快就遭遇挫折。在二十几岁的时候又挑战了一下，也是又遇到了挫折。

就这样，年岁不断增长，到了三十岁的时候，再一次拿起吉他。刚好遇到了一把和自己同龄的吉他，以此为动力竟也学会了几首曲子。这样一来，就很喜欢玩吉他了。休息日的时候一直抱着吉他练习，也喜欢在别人面前弹，还带出去旅游，就这样技艺逐渐纯熟。

但是，乐器是一件不可思议的事，熟练到一定程度之后，就很难越过前面的墙壁进一步精进了，也就是所谓的瓶颈期了。但是，即便这个状态，也持续下去不厌倦，咦？某一天很惊讶地发现自己突然就会了。然后前面又竖了一道高墙，不断反复。遇到这种情况，再加上工作忙，近一年来都没有碰过吉他。

就是这样的时候，我与常年搜寻的一件古董吉他相遇了，搜罗起自己的私房钱，好不容易把它买到了手。

然后时隔一年再次开始弹琴，果然声音很赞。但是，本应该会弹的曲子，一首也弹不出来，让我很失望。竟然在一年内就把这些忘了，这就是回到了原点啊。那这样，我拥有这件古董就难以发挥它的作用了。

如今，我就像人家做复健训练一样，努力回忆那些我应该会的曲子，不断练习。坚持就会胜利，说得可一点也不错。

我深刻地觉得即便是一周一次，也应该细水长流地坚持自己的兴趣爱好。

• page

275

大人的休息日　玩弄爱车

Qushenghuo

休息日的乐趣之一就是玩弄爱车。

虽然说是玩弄，但其实就是洗车、给车体上蜡、为车内打扫、看看汽油余量，再把其他有些顾虑的地方整顿一下，这样的日常保养。

我的车是用了三十多年的越野车，行驶路程已达二十三万公里。所以一周一次，用一个小时左右保养正好。

反复修理的过程中，自己与车的关系也就深化了。就像是人与人的关系。

给车子做一个尽兴的保养之后，就可以悠闲地开车出去兜风了。

来回三小时的路程，在目的地喝一杯咖啡、看看景色，这样一来，半天很快就过去了。

因为是旧车，空调效果不大好，所以除了夏天之外的秋天到春天的这段时间，开车兜风的心情比较舒畅。严冬，天特别冷的时候，要把大围巾在脖子上缠几圈做好御寒工作，才能钻进车里。即便这样，也还是很兴奋的。

在别人眼里，就像是玩弄一个大玩具似的获得一些乐趣，但其实汽车是一个不需要使用什么电子零配件，这个时代特有的带有温度的机械。让自己与这样一个机械保持步调一致，同呼吸共命运，在道路上疾驰的行为与其说是玩耍，不如说是一种成熟大人特有的运动爱好。

作为度过休息日的一种方式，保养爱车、驾驶爱车可真是一个不错的选择。

小孩子的澡堂　热乎乎的游乐场

Qushenghuo

小时候，我很喜欢去澡堂。

澡堂，就像在学校和公园的延长线上一般，是另一个游乐场。

澡堂里的浴池分为浅的和深的。浅的浴池很宽，深的浴池很窄，在两个池子中间的墙壁的底部有一个勉强可以通过一个人的四方形的洞。潜到热水里，钻过这个洞是小伙伴之间的一种仪式。如果可以钻过这个洞，大伙儿就会公认他是一个厉害的角色。潜到热水里钻过这个洞，看上去简单，其实很难。如果被大人发现潜水游泳肯定要挨骂，如果被澡堂老板发现，就会禁止你再进澡堂。

那天，从来没有尝试过的小 A 决定要挑战一下。

然而，小 A 的身体卡在了洞里，除了一味的挣扎，一点也没有往上游的迹象。我们慌慌张张，想要去帮他，但不知道是不是他动得太猛的缘故，还是没办法从洞里挣脱。

事态紧张起来，大人们也潜入浴池，拼了命地把小 A 从洞里拉了出来。小 A 脸涨得通红，筋疲力尽地一下子瘫软下来。我们立即叫来救护车，把小 A 运走了。

所幸，小 A 是保全了一条命，但是给我们的打击很大。那之后，学校下了通牒，禁止我们结伴去澡堂。

过了数十年后，我又去了那时的澡堂。

什么都没有变，和从前一样，真让人怀念。进入浴池后，不经意间就想起了当年小 A 的事故。

小 A 现在很健康。我想下次邀请他一起来吧。我们一定可以回忆出更多这个那个的带些微苦的往事。

• page

281

尝试着画家人的脸

Qushenghuo

偶然想到，可以试着画一些画。

虽说是画画，但其实是准备好笔记本和铅笔，思考着画些什么好呢，最后把身边最近的家人的脸一个个画了下来。

这件事竟然很有趣，让我沉浸其中忘记了时间。

首先，我画了妻子的脸。当然没办法让她站在我面前，我就回忆着她的脸部特征开始作画。眉毛和眼睛大概是这样的吧。鼻子和嘴巴是那样的吧。耳朵，嗯，就这样想象着每个部位，一边困惑着一边继续画着。人的记忆有时会很模糊，或者正相反，也有时很清晰。深刻地意识到：啊，我是这样记忆妻子脸上的部位的；有些部位的记忆模棱两可，无法确定啊。

以这样的气势，我又开始画初中二年级女儿的脸。那时候，我就想到小孩的脸应该比较简单，比较好画吧。因为整张脸还没成型，所以眼睛、鼻子、嘴巴、耳朵的轮廓画起来都比较容易。我就这样想着家人的脸，一点点把它们画了出来。

最后开始尝试着画自己的脸。每天都看到的这张脸，已经厌烦了。那么我画这张脸的时候又是怎样一番心情呢?

说实话，我自己也惊讶了。虽然家人的脸我都可以画个八九不离十，但是这张以为自己很熟悉的脸却怎么画也不像。画了很久，还是只能画成“诶？这是谁的脸”这样的程度。

到底是没能画出自己的脸。尝试着让女儿帮我画，她倒是非常好地抓住了我的特征，画得很棒。

通过这次尝试，我获得的一个教训是：原来以为自己熟知自己的脸，其实并非如此。看官朋友们，你们也试试吧。

以正确的姿势散步

Qushenghuo

• page 284

最近几年我都坚持每天晨跑，但是迎来新年之际，我却把跑步改成了散步。不是因为跑步会使人疲倦，而是因为散步有助于消解肩部的酸痛。

慢跑，主要是下半身的运动，上半身最多就起到一个配合的作用。即便我一心想要以比较优美的体态跑步，也很难做到。虽然运动到全身的跑步姿势才是正确的，但是要纠正从小时候养成的跑步方式真是顶级困难。

于是，我意识到可以先从养成一个正确的走路姿势做起。散步与跑步不同，可以根据自己的喜好调整运动的速度，这样一来，即便一开始不太习惯，但只要你知道自己需要注意哪些要点，就可以按照正确的去做，也会逐渐形成正确的姿势。尝试了一下，果然比较简单。如果是跑步的话，就做不到了吧。

其中的一个要点，就是要把弯曲的手肘尽量往身后拉。另外一点，手腕甩起来要让小拇指感受到有风划过的感觉。而且，脚后跟要扎实地落地。脚后跟落地后，让手肘往后拉，你的整个身体就可以保持笔直的姿态。只要做到这一点，至今为止拖着脚的走路方式，就可以变得精神抖擞、英姿飒爽了。

以这样的走路方式走了一下平时走的散步道。虽然时间翻倍，但是会比平常出更多的汗，随之心情也变好了。

某一天的晚上，肩胛骨的肌肉痛得厉害。但是第二天早晨，那么难受的酸痛感竟然从肩头与背部消失了，疲劳也得到了缓解。

这个例子证明了，散步是一项很好的全身运动。

重金看球赛　奢侈的享受

Qushenghuo

• page

287

每个季度我都会为了看巨人队而去东京巨蛋看三四次棒球比赛。就在前不久，我第一次买了“传说座席”去看比赛。

所谓传说座席，是一种特殊席位，在比赛中可以听到巨人军团的退役球员的实时解说，而且还有便当直接送到座位上。

我买的座席几乎紧挨着实况转播的解说员，是三垒一边内野席位的第一列。

那一天做解说的巨人军团退役球员是广泽克实。我很喜欢广泽的解说，浅显易懂、欢快有趣。

比赛一开始，解说就及时跟上了。与其说广泽的解说是在报道比赛的实况，倒不如说他是在享受比赛。他把那些观众如果知道就可以恍然大悟的小知识以一种亲切的声调讲出来，话语柔和且有条不紊。他的解说特别有趣，以至于我因为没办法集中精力看比赛而苦恼。

最感兴趣的小知识，是关于打率三成的实

现是多么困难的讲解。

常说，即便失败了七成，只要有三成打中就可以。我们或许会因为这句话，把棒球比赛想得过于轻松。然而在守场员守卫的区域内，可以完成安全打的区域只有二二成或二三成。所以能完成三成的打率近乎神技。

而那些要整个赛季都打到四成的更是不可能了。坐在“传说座席”上的人听到这里，多在点头赞同。的确，很难出现一位完成四成的打者。此外，还听到许多棒球迷们知道了就开心的小知识，真是满载而归。

那天的比赛，巨人队在比赛最后关头锁定了胜局。真是完美的一天。

扑克的花色　真实的人物

Qushenghuo

• *page* 290

扑克牌中虽然有四个国王，但只有一个国王没有蓄须，就是红桃上的国王。那么，我们就来看看这一位国王到底是何许人。请问，大家知道在公元八百年重建西罗马的查理曼大帝吗？其实扑克牌中出现的十二个人都有其原型。

我们来介绍一下其他国王。方块国王是凯撒大帝，梅花国王是亚历山大大帝，黑桃国王是大卫国王。除了恺撒大帝以外的三位都持剑。

下面是王后。红桃是朱迪斯，一位女英雄；方块是拉结，犹太祖先雅阁的第二位妻子，是位绝世美人；梅花是阿金尼，查理七世的妻子；黑桃是希腊神话中的女战神雅典娜，四位王后中只有她手持武器。

那么 J 的背后又是哪些人物呢？红桃是法兰西战士拉海尔；梅花和方块居然是一对兄弟，分别是兰斯洛特和赫克托尔；黑桃是查理曼大帝圣骑士之一的奥吉尔。

扑克牌的花色稳定成现在这样的过程，各

个国家会有所不同，其相对应的说法也会有差异，但大差不离是在十六世纪末期。

我很喜欢有国际通行玩法的桥牌。也会在国外旅游的时候，去当地大街小巷里的桥牌活动中心来上几局，过过牌瘾。

也就是在这样的日子里，有一天我在巴黎遇见了一位桥牌界名人，是这位老人告诉我扑克牌上的花色都对应着真实的人物。

看看自己手上的牌的花色，会觉得上面的人成了自己的战友而激动兴奋。

• page

293

网上购物的发展

Qushenghuo

在正月假期的时候，与朋友悠闲地聊天。

因为是平时也经常见面的朋友，所以根本不会在意时间的流逝，两个人就东扯西扯啰啰唆唆地讲一些没什么营养的话题，倒是意外地开心。

朋友问我：“最近在哪里买衣服了？”我回答说：“在各种各样的店里买。”朋友听到这个回答，一副吃惊的神色：“你可真厉害。”

然后朋友又问：“你不在网上买衣服吗？”我还真没在网上买过衣服。据朋友说，他的绝大多数衣服都是在网上买的。

我说：“那样会担心衣服的尺寸问题啊。”朋友说：“如果尺寸不合适，或者试穿之后的感觉和预想的不同，就可以退换货。”就是因为这些事很麻烦，所以我才坚持去实体店里买衣服啊。

然而，朋友这么告诉我——

现如今的网络购物，不会让你因为退换货

而感到一丝压力。与网购配套的服务已经发展到了这样的地步。

比如，在美国鞋店的网店里下单的话，它会直接寄两个尺寸的鞋子过来，你只需要在其中选一双大小正合适的，再把另一双寄回就可以了。它的网购系统会方便你做到这些。

几乎与面对面买东西一样，现在的网络购物已经可以做到体贴入微的服务了，或许这也是网购的一大卖点吧。

这么说来，我想起自己假期里曾从网店下载过电影，因为自己的设备原因而不能播放。我咨询对方的售后时，对方回复的邮件，完全不是事务性的寒暄，而是非常认真地告诉了我解决问题的方法。

原来如此，我强烈地感受到了时代的发展。

记住文字后　书写时获得的喜悦

Qushenghuo

• page

296

在我进入小学的时候，就已经会读写假名了。我没有特别学习过。

从家到保育园走路需要三十分钟。特别喜欢汽车的我，把在路上看各种停下的或行驶的车当作自己的一大乐趣。

看车的同时，会注意到车上的车牌。每个车牌上都写有一个平假名，而且每个平假名都不同，这件事在我看来很有意思。

每次看到车牌上那一个平假名的时候，我都会问拉着我的手的母亲。“那是什么字呀？”“那个字是‘ま’。”母亲会这样告诉我。

每天早上看到一辆车就学习一个平假名，就这样我对平假名充满了兴趣，无论出门去哪，都会找车牌，然后记住上面的平假名。如果可以找到还没见过的平假名，就很开心。

先记住文字的形状，然后像画画一样，想要试着写一下平假名。我记得自己在保育园的时候，会利用画画的时间，不画画，却一个劲儿地写平假名。一边写，我会一边想起自己看到这张车牌时的情景。写也是一种思考。这对于我来说是快乐的。

至今，我也忘不了我第一次写自己名字时的那份喜悦。因为周围的大人都很高兴，所以我都有些得意忘形了。

如今，“写字”变成了“打字”。

往后的时代，孩子们要怎么记住文字，又怎么书写文字呢?

• page

299

通过弹吉他来自我调节

Qushenghuo

三十岁的时候，我开始弹原声吉他。

因为那阵子经常要去国外出差，就想着要用自己的一点兴趣爱好来打发休息日和晚上满满的空余时间。

比如，我会给自己一个课题：这次出差要弹会这首曲子。一开始的晚上唯有苦练，随着练习的继续，到最后一晚，就会弹得相当熟练了，那时候我就会非常开心。

以此为契机，我养成了在长期出差或旅行的时候给自己布置一个“学好一样东西”的任务。

可以是想读的书，也可以是想学的知识。

为此，我尽量不带智能手机或者电脑。如果是邮件之类的联络，一般的手机就可以做到，而有必要用到电脑的时候，可以去网吧解决。

虽然电脑和智能手机很方便，但如果你故意不带上它们的话，你就必须要迈开自己的双脚去现场调查，需要你亲自去看去确认，也需要你亲自去问去打听。

这样的行动而派生出来的经验和相遇，就是送给自己的礼物。即便在家也是如此，如果感到无聊的时候不是打开电脑，而是出门走走，那么你会多么充分且丰富地利用时间啊。

我弹起吉他来，就可以非常清楚地知道自己当天的状态。是焦躁的，还是疲惫的，是爽快的，还是柔和的，这些都会通过吉他的音色表现出来。

现在，我不光是在出差的时候，而是每天都会弹一次吉他。因为这样可以让自己更好地了解自己，更好地为迎接明天调整好自己。

窨井盖上的个性

Qushenghuo

在纽约的大街小巷行走，有一件总会让我注意到的东西，那就是人行道上的窨井盖。

这个起因要从我在纽约近代美术馆的纪念品商店里买到的杯垫说起。那些杯垫以纽约的窨井盖为原型，非常漂亮。

杯垫一共有十二种花样。重新仔细端详这些多姿多彩的设计，会发现要么是几何图案，要么刻有很多文字，多是下了一番功夫的很有魅力的花样。当时我就想：厉害了，纽约的窨井盖。

这之后，我在纽约街上散步的时候一看到设计得漂亮的窨井盖，我就会用相机拍下来。根据区域不同，窨井盖也不一样，有些是富有装饰性的，有些是简单朴素的，非常有趣。

我开始寻找那些设计得漂亮的窨井盖的时候，还注意到人行道边上的行道树的保护栏也各不相同。我想为什么不做成一样的呢？大概是因为街道上各部件的设计都各具特色的话，就可以给街道加上一些氛围上的点缀吧。

回到日本之后，想看看日本的窨井盖都是什么样，发现也和纽约一样，每条街的设计都不同。被这样的用心感动，将这一发现告诉给熟人，但知道窨井盖有区别的人很少。可能是很少有人盯着双脚走路吧。

今天的我也一边观察着窨井盖，一边各处走动着。

可以陪伴一辈子的烤面包机

Qushenghuo

• page

305

如果我买好了第二天早饭要吃的山形吐司，那么晚上上床睡觉后，会在想到明天早饭的时候开心起来。

大概从好几年前开始，我的早饭就固定成两片吐司和一杯咖啡。自然是山形吐司好吃。有的时候会想要改变一下口味，而买了方形吐司，最后总会后悔。

我会根据当天的心情在吐司上涂黄油，或者果酱，或者橘皮酱。我会用满满当当的三十分钟来吃早餐。因为要一边吃早餐一边看早报。

因为每天早上都要烤吐司，所以对烤面包机比较讲究。理想的情况是外面干脆，中间软糯。为了达到这种效果，就要用高温，快速地将它烤好。

英国产的得力（Dualit）牌的烤面包机就很好，是英国的匠人手工制作的、特别结实耐用的烤面包机。至于烤出来的面包，那真可谓出类拔萃。两片吐司只需要两分钟就烤好了。咬一口下去，会有脆生生的声音，而当中又是热乎乎软乎乎的，这种美味好吃到停不下来。

几年前在英国旅行的时候，也算是自己的一种兴趣爱好，特地在各种各样的酒店住过，只要是比较有格调的酒店都会用得力的烤面包机。用得力烤面包机的酒店的早餐，无论哪一家都很美味。回到日本之后，我就一心想要买一台。

因为它是手工制品，价格不菲。但是想到每天可以吃到几乎会让自己感动的美味吐司，只要在可接受的范围内，可以不在意价格。圆鼓鼓的铬镀金的造型，放在厨房里也不碍眼。因为很结实不容易坏，想到它是一件可以和朋友一样陪伴一生的小家电，我就越发高兴了。

悠闲的兜风旅行　畅快的交心谈话

Qushenghuo

• page
308

十年前，我在法国马赛结束了观光地的采访工作之后，和法国朋友开着一辆雷诺车去往巴黎。

“你听说过一匹长颈鹿从马赛走到巴黎的故事吗？”我对握着方向盘的朋友发问。

“嗯，看过那样的舞台剧，啊，不，也许是小说。”

这位朋友对于我提出的关于书或话剧的话题，大体上都能回答。和这样的朋友一起旅游，很愉快。

返程的时候，我们纠结于选择高速公路还是国道。

朋友虽然想早点见到在巴黎的女朋友，但是想到国道上可以比较悠闲自得地驾车，这样的旅程也是不错的选择。

“从前，巴黎刚结婚的新人流行开车去马赛这样的旅行方式，一路行驶在闲适的国道七号线的乡间道上。还有这样的歌。”

握着方向盘的朋友，这时候已经把车开在了国道七号线上。

车子行驶在美景绵延不绝的国道上，心情真是妙不可言。不管是铺好的道路还是碎石子路，车子都像是在跳舞一样很顺溜地滑行着。从马赛到巴黎要在里昂住一晚，需要两天时间才到。

在这两天的兜风旅行中，我和朋友说了很多很多话。

我觉得开车兜风是人与人的关系亲密起来的绝佳机会。

我明白新婚旅行时选择兜风行程的理由了。

想按檀一雄的做派去旅行

Qushenghuo

一旦被问到：你的兴趣爱好是什么？就会意外地难以回答。一整年里都忙于工作，即便偶尔会去玩，但可以自信满满说是自己兴趣爱好的却是一样也没有。如果这样回答的话，又显得过于露骨直率。我一般回答说，硬要讲的话，那就是旅行了。嗯，每年都会出去旅行两三次，所以也不算是说谎了。

去旅行的时候，我不会带导游书。这样的习惯还要归因于年轻的时候崇尚檀一雄的旅行做派。檀一雄旅行是没有计划，没有线路，也不预约住宿，只是漫无目的地闲逛，所有的行程都是走到哪算哪，保持一种在路上的状态。

要说这样旅行的乐趣，那就是探访那座城市的早市，从摆在那里卖的东西感受那片土地上的生活，不是去餐馆，而是在当地的小食堂里，看到别的客人吃什么就点什么，看到别的客人喝什么也点什么。

也有时，我会提前跟别人说我要去哪里，

这样一来，可能会有人给我开一些给当地熟人的介绍信。即便收下介绍信，我也会因为麻烦而不用它。檀一雄说过，这种情况下，往往会因为必须要出面寒暄而变得心情沉重。

坐巴黎某一条线路的地铁，一直坐到终点，下车后晃荡两三个小时，然后再坐到反向的终点，同样再闲逛两三个小时。这样一来，就会对那整条线路产生兴趣，也会对线路上的街道熟悉起来，这是我模仿檀一雄的旅行方式后明白的道理。然后在住宿的附近找食堂，每天都去那里吃饭，和当地的人交朋友，这样才是檀式旅行的真经。

啊，我想出去旅行了。

想一边走路一边吃东西。

第七章 吃东西的心思·诀窍

『吃进去的东西』会塑造你整个人

• page

317

碗装料理的规矩『趁热吃』

Qushenghuo

想要吃时令菜的时候，去那家我偏爱的日本料理店是我的乐趣之一。

说到日本料理的当家花旦，那应该是碗装料理吧。碗装料理则正是主厨人展示自己真本领的地方。所以，作为客人的我们也要认真面对。

春天的话，就是蛤蜊的肉末山芋糕；夏天的话，是海鳗吧。打开碗盖的时候，心中一定有份期待。正因如此，碗装料理刚端上来的时候，就会一下把盖子打开，在扑鼻而来的热气中品尝美味。

但是，有些人偶尔也会忘记碗里的菜继续大口喝酒，不停聊天。嘿！嘿！记得你碗里的菜啊，那可是主厨展示真本领的一道菜。快点打开盖子吃吧。你也许想要多管闲事地说出这些吧。碗里的菜要是凉了就可惜了。

料亭“吉兆”的创业者汤木贞一的《吉兆味话》里写着这样的话：因为对于主厨来说，碗里的菜是他们所有料理中的正题，希望客人能趁着热乎劲儿享用。就像茶道中一旦木碗上场，有些礼仪做法中就会要求中止杂谈，吃饭的时候也是一样，盛在碗里的菜肴上桌之后，无论是在进行多么重要的话，也要暂时放下，抓紧吃碗里的菜肴，这应该是吃碗装料理的一种规矩吧。一开始上的小菜、前菜，可能也是为了可以趁热享用碗装料理的美味而做的准备吧。

出于以上这些原因，无论如何也要遵守日本料理中关于碗装料理的规矩。

因为“请趁热吃”这句话中蕴含着真心实意。

细细品味当地的特产点心

Qushenghuo

• *page*

320

旅行带回的特产中最令我感到开心的，是只有当地才能买得到的点心。

去世界上的任何地方都一定会有当地的点心。那样的点心的味道才是当地的味道。一边这样想着一边吃点心，其美味可是细密绵长。

在东京的武藏小金井开设咖啡店 Oven mitten Cafe 的小岛留美女士是一位众所周知的热衷于研究点心的专家，她知道某个地方的什么东西好吃的话，她不去吃是不会罢休的。小岛老师（我想要这么称呼）一定会吃遍地方特色点心之后给它们做出比较。

盛产美味牛轧糖的地方总会有好几家卖牛轧糖的店。这时候就需要确认在这几家店里谁家的最好吃。可以去见制作牛轧糖的师傅，让他教你制作方法。有些人愿意教，有些人不愿意。但仅仅是见一下做出这么美味的东西的师傅也是一件值得高兴的事情。

意大利北部的皮埃蒙特区的榛子很有名。

小岛老师还去了卡内利大街上一家名叫纳特曼的坚果工场参观，在这场兼带参观学习的旅程结束后，她给我带了那里的特产。

是用榛子粉做的蛋糕，意大利语叫作Torita di nocciole。蛋糕表面铺满了榛子碎，它恰到好处的甜度和独特的香味真是十足的美味。这样的蛋糕我是第一次吃。据说是她吃过几家比较之后最好吃的一家。

另外，她还附送了Gianduiotti的榛子巧克力给我。嘴巴里嚼着巧克力，我也渐渐变得想去那里游玩了。

就仿佛是这些点心在呼唤我开启旅程一般。

• page

323

家常菜是智慧与爱

Qushenghuo

因为是做书的编辑，所以有较多的机会和作家还有创作者见面。

做美食书的时候，美食烹饪家就是作者。

就在不久前，我和中国美食家吴雯老师谈话的时候，她说出了一句让我恍然大悟的话。

“所谓家常菜，是在外面出了钱也吃不到的。比如，家人在外面吃了各种美食，或者为了节约而简单地随便一吃。在这样的日子里，身体和胃难免感到疲倦。这样，一旦家人想要在家吃饭，对你来说，做出可以温暖他们的家常菜就很重要了。”

不是做那种在外面可以花钱吃到的饭菜。先要好好思考一下可以让身体获得休息、可以让味蕾获得满足的饭菜是什么，再去做。

这样才可以称作真正的家常菜。

“家常菜不需要技术，需要的是智慧与爱。”

我被这句话深深打动了。

做家常菜的目的，不是证明自己这个会做、

那个也会做，而是为了抚慰家人与自己的身心，要好好想一下应该做些什么、怎么做、怎么吃的问题。无论你烹饪的本事如何，但思考了这个问题做出来的，就是丰盈充实的家常菜。

吴雯老师告诉我，在烹饪方面，首先要记住的是要饱含心意去做。

仅靠技术，是做不出美味的家常菜的。

Qushenghuo

咸咖喱的教训

想做一下咖喱。因为拿到了据说是最好吃的咖喱的菜谱。

从炖鸡骨头和带骨头的牛腱肉开始，大约要炖两个小时。

一边熬汤，一边把猪肉背部的油炒至嗞嗞作响，自己熬猪油。

用这个猪油和大量洋葱一起炒一个半小时。然后加上切碎的胡萝卜和去皮的番茄，咕嘟咕嘟地煮。到此为止，都是与菜谱无异，挺顺利。

接着，菜谱上写着要加六杯汤和三分之一杯盐。我的手停了那么一秒。这分量的盐有点多吧。

但是，我选择相信菜谱，往锅里加了大把的盐。再加上三大勺香料和咖喱粉。这样就做成了咖喱汁。食谱上写着“尝一下味道”，香味很浓郁，看上去很好吃。用勺子舀了一勺稍微抿了一下。

惊呆了。简直要把自己咸晕。果然如此，

盐的量过多了。我看了好几遍食谱，错是不会错的。但是，比起咖喱味，咸味显然喧宾夺主了。我尝了好几次，都很咸。无奈。

这是我从一大早就开始做的咖喱。会失败成这样也是头一次。

我在后悔，那时候为什么没有重新考虑一下盐的用量。

“即便菜谱上那么写着，但是如果觉得蹊跷，一定要自己再好好想想。”我想起了朋友说过的话。朋友还说：“只有盐的分量没法事后调节。”

我没想到，花了大量时间做出的料理失败了会给我这么大的打击。

除了盯着咖喱看，我无计可施。

我得到的教训是：对于烹饪，还是要相信自己。

• page

329

周六是饺子日

Qushenghuo

我特别喜欢吃饺子。

从好几年前开始，我们家就决定周六的晚餐吃饺子。饺子日的配菜是放了很多莴苣叶的蔬菜汤。然后，就是很多的饺子。因为全家人都特别喜欢饺子，所以这样就足够了。

饺子要从饺子皮开始做。因为喜欢糯糯的饺子皮，所以打算做水饺。估计一个人吃十只，三个人的话就做三十个。

饺子馅会根据当天的心情来决定。虽然做过的种类没有多到数不清，也起码有十来种了。我们家的习惯是不用大蒜。

最受欢迎的是，白菜猪肉馅加生姜汁，非常简单。因为生姜汁加得比较多，所以不需要用其他佐料，这样比较好。对于饺子来说，在馅里加入足够的调味，尽可能不用佐料的做法味道会更好。

我试着写了一下饺子馅的菜谱。

白菜三百克切碎，加入少量的盐等它出水，

把水挤出来。注意要尽量挤得干一些。二百克薄猪肉片用刀面拍打后剁成肉糜。在肉糜里放入两大勺生姜汁，再加入小半勺盐，一个劲儿地搅拌。这样就做成了三十个饺子的馅。

一人十个水饺，但每次还会留三个，做成煎饺，这也是我们成为惯例的一种乐趣。

做法非常简单，把已经煮熟的饺子煎至表面干脆。这也是极其美味的吃法。

一下子可以享受到糯糯的和脆脆的两种美味，这就是我们家的饺子日。

总是在期盼周六的到来。

不喜欢吸荞麦面发出的声音

Qushenghuo

我很喜欢荞麦面，能吃一整年。

最近常去一家叫“玉笑”的店，就在离涩谷站很近的明治神宫前的居民区。这家店的粗面粉蒸笼荞麦非常美味。不含蓄地说，从肚子里会发出“好吃”的声音。这里的荞麦面不光是口感、味道、香气、滑进喉咙的感觉上乘，甚至连吃完之后还会觉得美味。放下筷子的时候，心中充满对于这份美味的感激之情。

虽说我这么喜欢荞麦面，但也有怎么也做不到的事。

那就是无所顾忌地大声吸荞麦面。

虽然说大声吸荞麦面让人感觉味道更好，这样吃荞麦面也算是一种礼节，但我就是做不到在人前发出声音吸荞麦面。虽然我不是有意固执，但即便说我难以对付，我也希望尽量不要发出声音吸荞麦面。

而且，我也不喜欢听店里四处响起的吸荞麦面的声音。这么一来，你们是不是要说我不是真正喜欢荞麦面了？

然而，某天我不经意间在一本杂志上看到以下的内容之后，心情豁然开朗。情不自禁地拍手叫好。

虽然东京一家有名的荞麦面老店的店主人说过：吃荞麦面的时候特地发出声响比较好，但其实不是这样的。即便吃荞麦面时发出声音可以更加美味的这种说法存在，也顶多是说荞麦面是允许在吃的时候发出声音的食物。另外，杂志上还说，吃相好也很重要。

如何？是否也有读者看了这段话之后，跟我一样得以安心了？

• page

335

纽约的味道与二十年前无异

Qushenghuo

在盛夏季节，我去了一趟纽约。

突然怀念起二十来岁时住过的上西城，想要去那里到处走走。

怀念的不仅是那里的风景，还有只有在那里才可以吃到的美食。

比如，Barney Greengrass 熟食店可以买到绝美的烟熏三文鱼早餐。仅仅是回忆一下那个味道，都会流出口水。不光是三文鱼，还有鲟鱼和银鳕鱼这些比较少见的烟熏鱼。在周日早上八点半，候着开店时间赶过去，成了我曾经生活中的习惯之一。

最美味的是放了这些烟熏鱼的黄油煎蛋加蔬菜拼盘。回了日本之后，我也模仿着做过，但无论如何也做不出一样的味道。

这次旅行中稍微奢侈了一把，每天早上都去那家店里吃早餐，因为味道和二十年前一样而开心。我也很喜欢店里的布置，它让我感受到古老而美好的纽约。

另外还有一件让人高兴的事。

我在新落成的洋基体育场看了一场纽约洋基队的比赛。当然，我主要想看的是铃木一郎。

我的座位是野球场一垒旁边的内野席，和球场之间没有拦网，所以觉得与比赛的选手之间距离非常近，可以满腔热血地为比赛加油。

第三打席上在击球区紧握球棒的铃木一郎，有那么一瞬间，眼神望向墨蓝的夜空。他打出的球直飞向外野右侧的观众席。这是铃木一郎转会之后第一次打出全垒打。全场爆发出震天动地的欢呼声，为一郎呐喊的声音持续了很久。

秋季的散步　吃货的线路

Qushenghuo

• page

338

因为是食欲大增的秋天，所以总会在这个季节里特别贪吃。而且，在舒爽晴朗的天气里，又会很想出去散步。

即便是在东京，我也能想到好几个散步线路，但是秋天的吃货线路我就介绍一条。

上午十一点出发首先到距离神田站走路两三分钟距离的一家咖啡店“ACE”。在这里可以品味到世界各地的咖啡，而我会在这里点海苔吐司，是把烤过的吐司涂上黄油再夹上海苔的三明治，特别好吃。因为分量不是很大，所以可以悠闲地品味。还可以一边享受这种古色古香的咖啡店的氛围。在东京所有的咖啡店中，我也特别喜欢这家“ACE”。

然后朝着淡路町方向走十分钟。这个距离正好适合消食。在“神田松屋”或者“神田薮荞麦”吃小笼屉荞麦面。在薮荞麦里，这叫作蒸笼荞麦，根据当天的心情进行选择。我给自己预备了两个选项。

然后稍走几步，到近旁一家“竹村”，钻过他们家的门帘，点一份栗子汁红豆元宵。吃甜食的真是另一个胃。在老旧优雅的东京下町的甜食店小憩一会儿。

好的，肚子吃饱了。但是，这可是食欲大增的秋天啊，还想再吃一口。那么就去近在咫尺的“万惣 Fruits Parlor”吃一份薄煎饼来结束这趟行程。为这味道绝佳的薄煎饼，发出“啧啧”称赞。

一边感慨着今天吃得真好，一边沿靖国大道走向神保町，去旧书店一条街物色几本书。

啊，秋天的散步真是太棒了。

• page

341

忘不了的阿尔勒早餐

Qushenghuo

最近，从法国南部的阿尔勒来了一位工作上的客人。

五分钟左右就讲完了关于工作的事，之后我们就在阿尔勒的生活热烈地讨论了起来。

因为十年前去阿尔勒旅行的回忆实在美妙。

同在法国南部的普罗旺斯，作为观光旅游地名气大噪，相较之下，普罗旺斯西边的阿尔勒就是一座小小的乡村城市，有山有河有湿地，满是大自然丰沛的馈赠。

当时住的是一家“住宿加早餐酒店”，是个人把自家房子里空着的屋子借出的一种住宿形式，还提供早餐。

早餐特别美味，我被感动了。

在事先说好的时间去主屋，那家人已经在等我了。餐桌已经摆得满满当当，有刚烤好的面包、沙拉、果酱、蜂蜜，还有热气腾腾的浓汤、带鸡蛋的菜品。香味扑鼻。

尤其好吃的是从薰衣草里采来的蜂蜜。因

为太好吃了，所以恳请他们分我一点，但得到的回复是："很抱歉，没办法分给你。"被拒绝了。每天采的蜂蜜量就恰好够住在附近的人吃，没有多余的。

原来是这么新鲜的蜂蜜，难怪如此美味。

因为无法忘记那份蜂蜜的味道与香气，再去阿尔勒的想法与日俱增。

绿咖喱带给我的冲击

各位应该知道泰国菜里的绿咖喱吧。把加了很多蔬菜、甜辣味的咖喱块拌在白米饭里吃，会有一股难以名状的异国风味从嘴贯穿到鼻子，让人心情舒畅。

这样的绿咖喱给我带来过冲击性的体验。

因为吃过研究泰国菜的专家铃木先生做的绿咖喱。

铃木先生说：“今天在你们跟前做绿咖喱。”

我们就坐在桌边等，在泰国常用的研磨钵中放入绿辣椒、芫荽叶后，开始细细研磨。研磨一段时间后再加入一些香料的绿叶，再接着磨，如此反复。香草的香味很快就弥漫开来。

铃木先生说：“在泰国，有种说法是可以通过听研磨香料的声音来判断某位女士是否会成为一位好妻子。”

放了很多绿叶进去，但研磨之后看上去就只有一点点了。这就是绿咖喱的精髓。用椰奶炖，很快就做好了。

吃一口就惊呆了。不是我所了解的绿咖喱。可以说是香草满满的浓稠绿叶汁浇在了米饭上的感觉，而且非常美味。

铃木先生解释说："大多数的店家用的都是市面上卖的咖喱糊，这才是真正的绿咖喱啊。"

这么简单就彻底颠覆了我对绿咖喱的印象。原来我就喜欢绿咖喱，经过这次体验后就更喜欢了。

不知道是不是因为放了新鲜的绿叶，吃过这份绿咖喱后感觉特别清爽。

羊角面包　吃法上的学问

Qushenghuo

• page

347

所谓羊角面包，是起源于法国的形状像新月的面包。

加了很多黄油，表皮酥脆，内里软糯，味道很好。

最近，有好多家巴黎有名的面包店把店开到了日本，随时都可以吃到正宗的羊角面包，超级开心。

从前，我在巴黎第一次吃到正宗的羊角面包时，那种感恩与激动的心情简直难以表述。

然而，是只有我一个人对羊角面包的吃法感到困惑吗？它越是美味，我越是困惑。就大小而言，为了吃起来方便，得用手指扯下一小块可以一口吃的面包。但是它的表皮越是酥脆，扯的时候越容易掉得到处都是，或者索性碎成渣渣。

而且，因为它里面是软软糯糯的，所以也不容易扯得齐整。

虽说如此，但你要是直接大口咬上去，吃

得嘴边桌上到处都是面包屑的情况也不少见。要是用刀叉将它切成小块吃，那是一点问题也没有，但是吃个面包需要这么兴师动众吗？

最后，我下定决心要去问一下法国的熟人。结果对方告诉我，要把面包浸在牛奶咖啡或清咖啡里，等它变软之后再吃。我吃了一惊。虽然也不是非这样吃不可，但是有很多人为了不弄得到处都是面包屑而采用这个办法。

真不愧是羊角面包，连吃法上都大有学问。我要尝试一下。

松饼分为英国松饼和美国松饼两种。

用一句话来说两者的区别：英国松饼是面包，美国松饼是蛋糕。

我喜欢美国松饼。据说美国松饼发源于纽约，在那里吃苹果松饼的经历，我至今还忘不了。在一家小餐馆看菜单的时候，侍应生对我说："现在有刚出炉的苹果松饼哟。"

那里的松饼很大，很扎实，分量很足。之前我认识的松饼顶部是膨胀呈圆形的，但这个不一样，居然是方形的。用手扯着方形的部分吃，又酥又脆，很好吃。内部软软糯糯的，放了很多切成小方块的苹果粒。吃一个就能饱，而且因为是手工做的，传达出来的那种朴素又真诚的温暖感觉充盈着我的内心。从那以后，我就喜欢上了松饼，在美国的大街小巷物色松饼。

在东京表参道上的一家叫作"A.R.I"的松饼专卖店，邂逅和我当年吃的美国松饼无异的美味。柠檬味的乳蛋松饼格外好吃。

听店长森冈梨女士说，她也是在纽约遇见松饼的人之一。

“我非常喜欢松饼，每天满脑子都是松饼。”

听她略带腼腆地说出这句话，我明白了这家店的松饼为什么这么好吃。

对家常菜提要求

Qushenghuo

• page

353

现在，主妇在家做的菜有多少种类?

我试着回忆了一下小时候的家常便饭。

嗯，虽然已经是三十年以前的事情了。

咖喱饭、蔬菜炒肉、土豆炖肉、水煮鱼、红烧菜、烤鱼、汤豆腐、一锅煮、西式焖菜。还挺不好意思的，也许只有这几种吧。

更何况有这些菜也已经算是比较奢侈了，一般就是白米饭搭配纳豆、萝卜条和重口味的罐头、酱菜。菜的种类最多也就十种。

因为父母都要工作，在我们家，即便母亲说“今天可没有菜哟”，我们也丝毫不感到惊讶。我说着“好的”，在米饭上铺上很喜欢的木鱼干，即便这样也会再添一碗饭。也有只能在饭上浇味噌汤的时候。

不知从什么时候开始，我们对家常菜有了高要求，味道好吃或不好吃，样子漂亮或不漂亮，分量多或少，挑三拣四。对家常菜提出在外面付钱享用的美食般的要求，这种做法合适吗?

家常便饭就是白米饭配上味噌汤和新鲜酱菜，如果再有一点时令菜那就完美了。饭后，碗里干干净净不剩一粒米，饭桌上的菜碟都一扫而空，这种场景就很美。

在我们往后的生活里，学着去体会这样的家常味道、这样的美食、这样的美景，也是很有必要的吧。

大差不离的味道就是幸福

Qushenghuo

• *page*

356

虽然我对美食很没有抵抗力，但是并不意味着我希望每天都享用美食。味道也好，做法也罢，我对于任何食物，都怀着感恩之情。

某位美食家说过：“家常便饭，不那么美味也没事，毕竟那才是家的味道。”听他这么说，我一边深感赞同，一边放下了心。很开心。

这里所说的“不那么美味也没事”的意思是：味道差不多就好，不用那么努力也没事。因为在家里还每天都努力，这是做不到的。即便如此也不厌倦，反而对偶尔做出的美味佳肴心怀感激，享受美味。

“我们家的饭菜虽然没有特别好吃，但是我还是最喜欢”，我认为能这样想是一种幸福。诸位以为如何？

关于菜肴的味道，我常想：食材、调味以及烹饪的方法，这些都很重要，但是和谁吃这道菜、怎么吃更重要。

即便是难能可贵的美味，如果心情不好，

吃起来也是味同嚼蜡。

也就是说，即便只是差不多的味道，只要和喜欢的人或家人一起心情明媚、快快乐乐地享用，就是了不得的美味。

原来如此，所谓菜肴不是在装盘的那一刻就完成了，而是在享用的过程中，由一起吃饭的人互相照顾、互相考虑、互相体谅着完成的。

• page

359

选择食材最重要

Qushenghuo

“烹饪，说到底在于食材，在于选择什么样的食材。”艺术家北大路鲁山人这么说过。

虽然关于鲁山人的人品与成就，有各种各样的说法，但是我却怎么也不讨厌他。而且，我把他这句“材料为重”的话铭记在了心上。

我的工作是编辑，是写作，这些其实也是制作东西。无论什么工作，究其根本，知道原材料的好坏，以及对其进行选择都很重要，考验我们的就是这方面的经验与能力。

作为陶艺工匠的鲁山人，当被问到烧制陶器的乐趣时回答说：“大自然会助我一臂之力。”这句话很有深度。

陶器的本质，可不就是大自然的泥土。在釉药与加热的共同作用下，人类无法左右的大自然发挥其力量，创造出美妙的形态。

烹饪也是一样。注重自然，了解时令与产地，感恩并利用大自然的恩惠，只有这样才可以做出美味的菜肴。

所以，我对鲁山人所说的食材最重要这句话深有同感，不管做什么，我都牢记材料为重。

而且，我们也应该明白：在我们的生活中，没有原材料什么也做不了。

富裕的生活、内心充实的生活，一份切实的、有价值的工作，都是需要认识到好的原材料，然后进行选择后的结果。

我深切地意识到，现如今，“材料学”难道不应该是我们需要学习的重要课程吗？

后记

余味的好坏

要说我最近烦恼的事情，就是自己对余味的好坏变得敏感。这可真是件麻烦事。余味，如其字面意思，是做过什么事情之后的心情、余下的印象。

对于饭菜来说，余味最好理解。如果那道菜的余味不好的话，会大失所望。

因为吃的时候觉得特别好吃，但是吃完之后那余味差劲的话，就会产生心理落差，那落差可是很难受的。

余味不好的饭菜，通常是重口味的饭菜。

因为味道重，所以吃的时候会觉得很美味。但是，味道重就说明它用了很多调味料，调味料的复杂味道会在嘴巴中残留很久，让你无法安神。这大概就是余味不好的原因吧。

在饭菜以外，工作、生活，以及人际关系上，都会有余味的概念。

共通点在于，判断余味好坏的标准与饭菜相同，都是看它是否复杂。如果仅仅是为了过那一关，为了享受那一时，而事后需要去补救，那种状况的余味一般就很差劲。在我即将迎来自己五十岁的时候，我知道虽然当时可能寡淡无味，但是余味不错的话，就会从那道菜肴、那份工作、那段人际关系中体会到幸福。

尽可能地，我想让自己留下不错的余味。

松浦弥太郎

书中文章皆于《读卖新闻》二〇一一年四月六日至二〇一五年十一月四日《松浦弥太郎的生活动线》连载专栏上首次面世。经过编辑、加工、修正后结集成书出版。店名以及日期按连载当时所录，无改动。